普通高等教育通识课系列教材

U0159675

大学计算机信息素养实践教程

主　编　李　霞　赵满旭

副主编　王彩霞　王琴竹　李　妮

　　　　廉侃超　张　乐

主　审　王春红

西安电子科技大学出版社

内 容 简 介

本书是《大学计算机信息素养》(西安电子科技大学出版社同步出版)配套的实践教程。全书共有六个项目、19 个任务,内容包括操作系统 Windows 10、文字处理软件 Word 2016、电子表格处理软件 Excel 2016、演示文稿制作软件 PowerPoint 2016、图形设计软件 Visio 2016、计算机网络及 Internet。除项目一和项目六外,其他项目都由多个任务和一个综合实验项目组成。多数任务都设有任务目标、任务描述、相关知识和任务实施四个板块的内容。

本书内容新颖,结构合理,通俗易懂,可作为高等学校非计算机专业计算机通识教育课程的实践教材。

图书在版编目(CIP)数据

大学计算机信息素养实践教程 / 李霞,赵满旭主编. —西安:西安电子科技大学出版社,2022.1(2024.1 重印)

ISBN 978–7–5606–6294–7

Ⅰ. ①大… Ⅱ. ①李… ②赵… Ⅲ. ① 电子计算机—高等学校—教材 Ⅳ. ①TP3

中国版本图书馆 CIP 数据核字(2021)第 249712 号

策   划 杨丕勇
责任编辑 杨丕勇
出版发行 西安电子科技大学出版社(西安市太白南路 2 号)
电   话 (029) 88202421 88201467   邮   编 710071
网   址 www.xduph.com   电子邮箱 xdupfxb001@163.com
经   销 新华书店
印刷单位 西安日报社印务中心
版   次 2022 年 1 月第 1 版   2024 年 1 月第 4 次印刷
开   本 787 毫米×1092 毫米 1/16 印张 13
字   数 306 千字
定   价 34.00 元

ISBN   978–7–5606–6294–7 / TP

XDUP 6596001–4
如有印装问题可调换

前　　言

作为《大学计算机信息素养》配套的实践教程，本书是依据教育部高等学校计算机科学与技术教学指导委员会编制的《关于进一步加强高等学校计算机基础教学的意见暨计算机基础课程教学基本要求》中关于大学计算机基础的教学要求，充分考虑了信息技术教育已普及到中小学课堂，从而使学生在步入大学后信息素养和信息能力起点变高的因素，同时兼顾计算机基础教学的广泛性和实用性，总结多年教学实践经验编写而成的。

本书的作者都是长期从事计算机基础教学的骨干教师，具有丰富的计算机基础课程教学经验。书中的内容都是作者根据长期教学经验，结合河东地方文化特色，针对学生信息素养和信息能力的需求精心选择的。

本书共有六个项目，主要内容包括：操作系统 Windows 10、文字处理软件 Word 2016、电子表格处理软件 Excel 2016、演示文稿制作软件 PowerPoint 2016、图形设计软件 Visio 2016、计算机网络及 Internet。每个实践项目下又分若干任务，为了提高教学效率，每个任务都有明确的任务目标、详细的基本知识和基本技能阐述，并选取了具有河东地方文化特色的典型实例对基本知识和基本技能进行实践训练。最后通过综合实验项目促使学生举一反三，培养学生发现问题、分析问题、解决问题的能力以及创新思维和创新能力。

多数任务都包含以下四个部分：

◇ 任务目标：通过知识目标、技能目标和素质目标三方面明确本次任务预期的目标和学生需要掌握的基本知识与基本技能。

◇ 任务描述：描述本次任务的主要内容和可以解决的问题。

◇ 相关知识：讲授与本次任务相关的基本知识和基本技能。

◇ 任务实施：引导学生分析并完成本次任务的主要流程。

由于各项目的差异性,本书在项目一中由"任务练习"取代综合实验项目,项目六中不设综合实验项目。

本书项目一由廉侃超编写,项目二由王彩霞、赵满旭编写,项目三由王琴竹编写,项目四由李妮编写,项目五由李霞编写,项目六由张乐编写。

在本书的编写过程中,编者参阅了一些文献和网站,谨向相关作者表示感谢。

由于编者水平有限,书中难免有疏漏和不妥之处,欢迎读者批评指正。

编　者

2021 年 8 月

目　　录

项目一　操作系统 Windows 10

Windows 10 是由微软(Microsoft)公司开发的操作系统，应用于计算机和平板电脑等设备，与之前的版本相比，在易用性和安全性方面有了极大的提升。Windows 10 主要用于管理计算机硬件与软件资源，提供让用户与系统交互的操作界面。

本项目学习 Windows 10 的基础知识和基本操作，包括 Windows 10 的安装、基本操作、文件管理、系统管理和实用工具。通过本项目的学习，可以了解操作系统概况，掌握 Windows 10 文件管理的基本操作和系统管理的常用操作，能用 Windows 10 自带的工具进行一些实际操作。

任务　操作系统 Windows 10 的基本操作

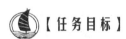 【任务目标】

知识目标

(1) 了解 Windows 10 的基本知识；
(2) 了解 Windows 10 的配置和安装；
(3) 熟悉 Windows 10 的基本操作。

技能目标

(1) 掌握 Windows 10 文件管理的基本操作；
(2) 掌握 Windows 10 系统管理的常用操作；
(3) 掌握 Windows 10 常用实用工具的用法。

素质目标

本任务旨在培养学生规范、分类管理文件的意识；培养学生细致、认真的精神；培养学生不怕困难、积极探索的良好品格。

 【任务描述】

Windows 10 的革新真正从用户角度出发，增加了许多方便、快捷、实用且安全可靠的功能，带给用户特别的视觉效果和使用体验。了解操作系统的基本知识，掌握操作系

统的基本技能，可以有效提升使用计算机的效率。那么，Windows 10 操作系统有什么特点？如何安装？有哪些常用的基本操作和管理操作？如何使用 Windows 10 自带的实用工具？下面将系统地介绍这些知识。

 【相关知识】

一、Windows 10 简介

Windows 10 是美国微软公司于 2015 年 7 月 29 日正式发布的跨平台、跨设备的操作系统。它的易用性和安全性有了极大提高，融合了云服务、智能移动设备、自然人机交互等多种新技术，完善了对固态硬盘、生物识别、高分辨率屏幕等硬件设备的优化与支持。

针对不同的用户和设备，Windows 10 有不同版本，各版本的特点如下：

(1) Windows 10 家庭版(Home)：具备 Windows 10 的主要功能，包括全新的开始菜单、Edge 浏览器、Windows Hello 生物特征认证登录以及虚拟语音助理 Cortana。Windows 10 家庭版还包括游戏串流功能，允许游戏玩家在 PC 上直接进行 XBox One 游戏。但为了提高系统的安全性，对于来自 Windows Update 的关键安全更新，家庭版用户不具备自主选择权，系统会自行安装。目前个人购买的 PC 中，大多由商家提前安装好家庭版。

(2) Windows 10 专业版(Pro)：包含家庭版之外的功能，如加入域、Azure Active Directory 用于单点登录到云服务、Hyper-V 客户端(虚拟化)、BitLocker 全磁盘加密、企业模式 IE 浏览器、远程桌面、Windows 商业应用商店、企业数据保护容器以及接受特别针对商业用户推出的更新功能。

(3) Windows 10 企业版(Enterprise)：具备专业版功能，增加了针对大型企业的更强大功能，包括无需 VPN 即可连接的 DirectAccess、支持应用白名单的 AppLocker、通过点对点连接与其他 PC 共享下载与更新的 BranchCache、基于组策略控制的开始屏幕、Credential Guard(凭据保护)和 Device Guard(设备保护)。

(4) Windows 10 教育版(Education)：专门为大型学术机构(如大学)设计的版本，与企业版几乎相同，具备企业版的安全、管理及连接功能，但不具备 Long Term Servicing Branch 更新选项。

(5) Windows 10 专业工作站版(Pro for Workstations)：属于专业版的顶级系统，拥有服务器级别的硬件支持，专为高负载场景设计，包含普通专业版没有的功能，着重优化了多核处理以及大文件处理，面向大企业用户以及真正的"专业"用户，如支持 6 TB 内存、SMBDirect 协议、ReFS 文件系统、高速文件共享和工作站模式等。

(6) Windows 10 精简版(Simple)：具有开机快、价格便宜、兼容性更好、硬件要求更低等特点，是一个比家庭版更精简的版本。该版本无法安装第三方软件，只能安装微软应用商店中的软件，主要针对教育市场、学生用户市场开发。

(7) Windows 10 移动版(Mobile)：主要面向智能手机、小屏平板电脑等小尺寸的触摸设备。

(8) Windows 10 移动企业版(Mobile Enterprise)：主要面向使用智能手机和小尺寸平板的企业用户。

(9) Windows 10 IoT Core：主要面向低成本的物联网设备。

二、Windows 10 的安装

一台计算机要正常使用，必须先安装好操作系统。计算机要安装 Windows 10 操作系统，需要满足一定的硬件配置要求。

1. Windows 10 的电脑配置要求

安装 Windows 10 要求计算机硬件具备以下配置条件：

(1) 处理器。处理器的主频不能低于 1 GHz。处理器是计算机的核心部分，它的主频大小直接影响计算机的运行速度。查看处理器的方法为：右击"此电脑"，在弹出的菜单中选择"属性"命令，在打开的系统窗口中可查看处理器，如图 1-1 所示。

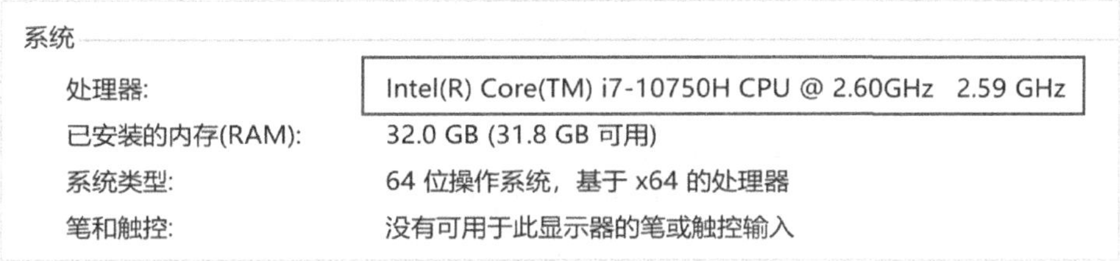

图 1-1　查看计算机处理器

(2) 内存。Windows 10 32 位的操作系统要求内存不能低于 1 GB；Windows 10 64 位的操作系统要求内存不能低于 2 GB。查看内存的方法为：右击"此电脑"，在弹出的菜单中选择"属性"命令，在打开的系统窗口中可查看内存，如图 1-2 所示。

图 1-2　查看计算机内存

(3) 显卡。Windows 10 系统对显卡方面的要求是支持带有 WDDM 驱动程序的 DirectX9 或更高版本。显卡查看方法为：右击"此电脑"，在弹出的菜单中选择"属性"命令，打开系统窗口，单击左侧的"设备管理器"，在打开的设备管理器窗口中点开"显示适配器"，即可查看当前计算机的图形设备，如图 1-3 所示。

(4) 硬盘。Windows 10 32 位的操作系统要求硬盘存储空间不能低于 16 GB；Windows 10 64 位的操作系统要求硬盘存储空间不能低于 20 GB。

(5) 显示器。显示器分辨率不低于 1024 像素 × 600 像素。

图 1-3 查看计算机的图形设备

> **注意**：处理器主频和运行内存是关键，建议尽量提高处理器主频和运行内存。

2. Windows 10 的安装方法

Windows 10 有多种安装方法，常用的有 U 盘安装法、硬盘安装法等。下面简述常用方法的安装过程。

(1) U 盘安装法。安装过程为：首先把 U 盘制作成安装盘，然后设置计算机从 U 盘启动，接着重启计算机，进入安装界面后按操作提示逐步进行安装。

(2) 硬盘安装法。如果计算机能正常启动，则可以使用硬盘安装 Windows 10。安装过程为：首先将操作系统安装包拷贝到 C 盘以外的分区，然后解压安装包，接着双击解压后文件夹中的"setup.exe"文件，按操作提示逐步进行安装。

二、Windows 10 的基本操作

要熟练使用计算机，必须掌握操作系统的基本操作。Windows 10 的基本操作主要包括启动与退出、桌面操作、窗口操作、菜单操作和对话框操作等。

1. Windows 10 的启动与退出

要使用计算机，必须先启动操作系统。启动 Windows 10 操作系统的方法是：先连接外部电源，再按主机箱上的电源开关。结束计算机工作时，需退出操作系统。退

出 Windows 10 操作系统的方法是：点开"开始"菜单，单击"电源"按钮，再单击"关机"。

2. 桌面操作

桌面是指用户启动 Windows 10 操作系统后看到的整个屏幕，是用户与计算机进行交流的窗口。Windows 10 桌面主要包括桌面图标、桌面背景、"开始"菜单和任务栏，下面简述各部分常用操作。

1) 桌面图标

安装好 Windows 10 操作系统并首次启动后，桌面上通常只有一个"回收站"图标，如需显示其他图标，可在桌面空白处右击鼠标，在弹出的快捷菜单中选择"个性化"，打开"设置"窗口，选择窗口左侧的"主题"，在窗口右侧"相关的设置"中单击"桌面图标设置"，在打开的"桌面图标设置"对话框中选择需要显示图标的选项。要更改桌面图标的显示方式，可在桌面空白处右击鼠标，在弹出的快捷菜单中选择"查看"和"排序方式"，设置图标的显示类型和排序方式。

2) 桌面背景

用户如果需要根据自己的喜好设置桌面背景，可在桌面空白处右击鼠标，在弹出的快捷菜单中选择"个性化"，在打开的"设置"窗口中可以修改背景、颜色、锁屏界面、主题、字体等。"设置"窗口如图 1-4 所示。

图 1-4　"设置"窗口

3) "开始"菜单

通过 Windows 10 "开始"菜单可以打开大部分安装的软件。它在整体上可以分为三个部分，其中，左侧为关机、设置等功能按钮区域；中间是最近添加、最常用项目和所有应用列表；右侧是用来固定图标的区域。Windows 10 "开始"菜单如图 1-5 所示。

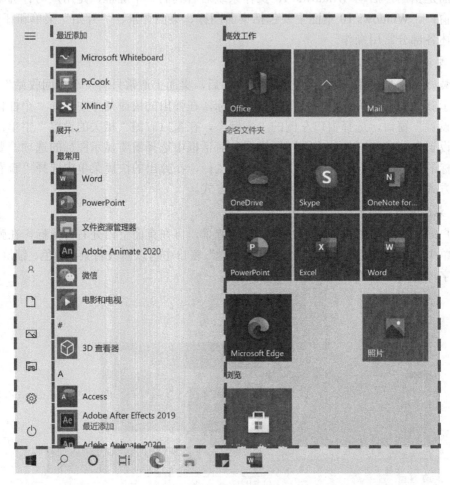

图 1-5　Windows 10 "开始"菜单

(1) 固定应用程序图标：在中间区域右键单击某一个应用项目或者程序文件，选择"固定到开始屏幕"，则应用图标出现在右侧区域，可方便用户快速查找和使用。在右边区域右键单击应用程序图标，可取消其在开始屏幕的显示，还能改变其大小并卸载该应用程序等。

(2) 快速查找应用程序：左键单击"开始"菜单，点击中间区域的字母，例如 A，会弹出按字母快速查找的界面，这是 Windows 10 提供的首字母索引功能，利于快速查找应用。

4) 任务栏

任务栏是指位于"开始"菜单右侧且在桌面最下方的小长条，主要由 Cortana 搜索、任务视图、应用程序区、通知区和显示桌面按钮组成，如图 1-6 所示。

图 1-6　任务栏

任务栏各部分功能如下：

(1) Cortana 搜索：可对应用、文档、网页等进行快捷搜索。

(2) 任务视图：是 Windows 10 新增的 Timeline(时间线)功能，会记录计算机一个月的数据，包括 edge 浏览记录、Office 使用记录、Photoshop 的打开记录等。通过任务视图，可以跳转回之前在计算机上使用的应用、文档或进行的其他活动。Timeline 在新计算机上需要运行一段时间才显示。如果不想使用此功能，可以通过"Windows 设置"→"隐私"→"活动历史记录"操作，在打开的面板上关闭该功能，如图 1-7 所示。

图 1-7　关闭活动历史记录界面

（3）应用程序区：多任务工作时的主要区域之一，显示正在运行的所有程序的对应图标，可通过这些图标还原、切换和关闭程序窗口；鼠标拖动图标可改变其排列顺序。可选择将一些常用的应用固定到任务栏以便快速访问，方法是：右键单击应用程序或其快捷方式，选择"固定到任务栏"即可。右击任务栏上的固定图标，选择"从任务栏取消固定"，可取消其在任务栏的固定。

（4）通知区：通过各种小图标形象地显示计算机软硬件的重要信息。

（5）显示桌面按钮：单击此按钮可返回系统桌面。

用户还可以对任务栏进行个性化设置，方法是：右键单击任务栏上的空白区域，选择"任务栏设置"，可设置任务栏的锁定、隐藏、任务栏按钮大小、任务栏在屏幕上的位置等选项。任务栏设置如图 1-8 所示。

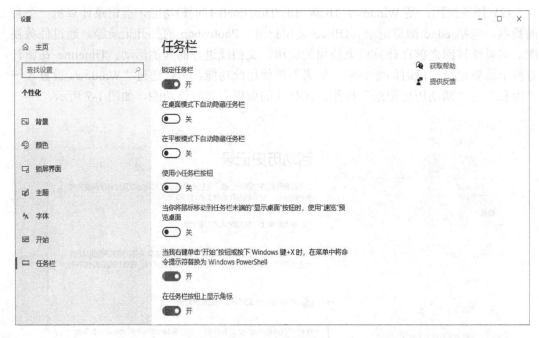

图 1-8　任务栏设置

Windows 10 任务栏还增加了一些新功能，下面介绍常用的两个功能。

（1）常用文件夹链接。桌面快捷方式可以管理常用文件夹，但依旧不够方便。在 Windows 10 任务栏的右键菜单中，通过"工具栏"→"新建工具栏…"，可以更快地打开常用文件夹。常用文件夹链接如图 1-9 所示。

图 1-9　常用文件夹链接

其具体操作方法是：

① 右击任务栏，选择"工具栏"→"新建工具栏…"。

②　在弹出的对话框中，选择要链接的文件夹，再单击"选择文件夹"按钮。

③　在任务栏上点击相应文件夹链接，就能看到里面的文件和文件夹，点击打开即可。

文件夹链接没有数量限制，可以根据需要任意设置。取消的方法是：以同样步骤再次进入右键菜单，取消已链接的文件夹前的对钩即可。

(2) 链接。"常用文件夹"仅限于文件夹，如果需要的是某几个文件，可以采用"链接"，其作用和文件夹类似，但不能设置多个，可以自定义放入的内容。

"链接"的操作方法是：右击任务栏，选择"工具栏"→"链接"。首次打开后，"链接"会显示为空白，直接将要设置的文件或文件夹拖拽到"链接"图标上即可。和常用文件夹一样，这里也能显示出文件夹结构和里面的文件，直接点击打开即可。

3. 窗口操作

窗口是 Windows 操作系统的重要组成部分，它可以实现对应程序的大部分功能操作。窗口的基本操作主要包括打开窗口、关闭窗口、改变窗口大小、移动窗口、排列窗口和切换窗口等，下面简述常用操作。

1) 打开窗口

用户运行文件或应用程序时，通常都会打开相应窗口。

2) 关闭窗口

单击窗口右上角的关闭按钮，或双击窗口左上角的 logo 图标，即可关闭当前窗口。

3) 改变窗口大小

窗口通常有最大、最小和还原三种状态，单击窗口右上角的最小化按钮、最大化按钮和还原按钮，可在三种状态之间进行切换。

在还原状态时，可通过鼠标拖动窗口边框或窗口的四个顶角改变窗口大小。

鼠标按住某个窗口的标题栏抖动几下，可使其他所有窗口最小化。

4) 移动窗口

窗口处于还原状态时，可按住鼠标左键拖动窗口标题栏移动窗口位置。

5) 排列窗口

在任务栏空白处单击鼠标右键，在弹出的快捷菜单中有"层叠窗口""堆叠窗口显示"和"并排显示窗口"三个选项，可以通过它们改变窗口的排列。

用鼠标左键按住窗口标题栏，并将其拖向屏幕左边界或右边界，可以将当前窗口显示在屏幕的左侧或右侧。

6) 切换窗口

切换窗口的常用方法有以下三种：

(1) 用 Alt + Tab 组合键。按下 Alt 键不放，再按一下 Tab 键，出现所有运行窗口缩略图，再反复按 Tab 键，直到切换到需要的窗口。

(2) 用 Alt + Esc 组合键。按下 Alt 键不放，再反复按 Esc 键，这时不会出现窗口缩略图，而是直接在各窗口之间进行切换。

(3) 用任务栏缩略图。通过鼠标单击需要切换到的窗口在任务栏上的对应窗口缩略图，即可切换到相应窗口。

4. 菜单操作

菜单是 Windows 操作系统的命令列表。Windows 10 菜单的常见形式有三种，分别是标准菜单、快捷菜单和控制菜单，下面分别简述其用法。

1) 标准菜单

标准菜单也称为菜单栏，通常位于窗口标题栏下方，一般包含当前程序的大部分操作命令。单击菜单栏的菜单项，可以打开一个下拉式菜单。例如记事本程序的标准菜单如图 1-10 左图所示。

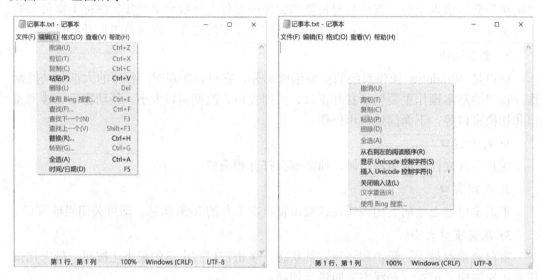

图 1-10   记事本程序的标准菜单和快捷菜单

2) 快捷菜单

在 Windows 操作系统中，在屏幕任何位置右键单击，均可弹出一个快捷菜单。鼠标右击位置处的对象不同，弹出的快捷菜单也会不同。在记事本程序空白处右击所打开的快捷菜单如图 1-10 右图所示。

3) 控制菜单

控制菜单是指在窗口标题栏上右击鼠标弹出的菜单。控制菜单一般包括还原、移动、大小、最小化、最大化、关闭等命令，例如记事本的控制菜单如图 1-11 所示。

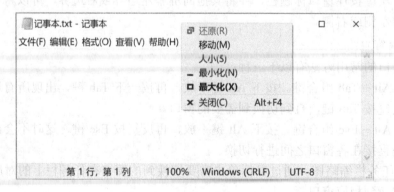

图 1-11   记事本的控制菜单

菜单中的菜单命令通常会有多种显示形式，不同的显示形式代表不同的含义，下面简述其区别：

(1) 命令为灰色：表示当前状态下该命令不可用。

(2) 命令后有"…"：表示执行该命令会弹出对话框。

(3) 命令前有"√"标记：表示该命令正在起作用，若再次选择该命令，则取消前面的"√"，表示该命令不再起作用。

(4) 命令前有"·"标记：表示在该命令的并列同组选项中选中了该命令。在一组并列菜单命令中一次只能选中其中一项，不同组命令间用灰色线分隔。

(5) 命令后有组合键：表示该组合键是该命令的快捷键，在键盘上按该组合键，相当于用鼠标选择该命令，都会执行该命令。

5. 对话框操作

对话框是 Windows 操作系统和用户交互的一种特殊的窗口。对话框有标题栏，可以移动位置，但不能改变大小。

不同的对话框有不同的构成元素。对话框中常见的组件有选项卡、标签、单选按钮、复选框、文本框、列表框、下拉列表框、命令按钮等。例如，记事本程序中的"替换"对话框如图 1-12 所示。

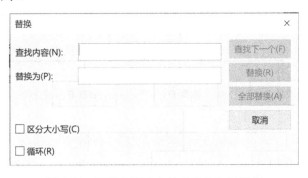

图 1-12　记事本程序中的"替换"对话框

四、Windows 10 的文件管理

文件管理是操作系统中一项重要的功能。在现代计算机系统中，用户的程序和数据，操作系统自身的程序和数据，甚至各种输出/输入设备，都以文件的形式出现在操作系统的管理者和用户面前。

1. 文件的相关概念

1) 文件

文件用文件名来标识的一组相关信息的集合体，计算机中的信息通常以文件的形式在存储器中保存。文件可以是文本文档、图片、音视频、程序等。文件是数字化资源的主要存在形式，也是人们管理计算机信息的重要方式。

2) 文件名

文件名命名规则：文件名由主名和扩展名组成。一般形式为"主名.扩展名"。

其中，主名通常代表文件内容的概括或含义，由用户自定义。扩展名通常标记文件的类型。应用软件保存文件时，文件扩展名通常由所用应用软件自动生成。

文件名中所有字符总数不能大于 255 个，且特殊字符"/、\、<、>、:、*、?、|"不能用在文件名中，因为它们在文件名或文件路径中有特殊含义。

文件名不区分字母大小写。

3) 文件夹

文件夹是用来组织和管理磁盘文件的一种数据结构，是计算机磁盘空间里为了分类储存电子文件而建立独立路径的目录。"文件夹"就是一个目录名称，它提供了指向对应磁盘空间的路径地址。使用文件夹的最大优点是为文件的共享和保护提供了方便。文件夹的命名与文件的命名规则相同，但文件夹没有扩展名。

4) 文件夹树

文件夹一般采用多层次结构(树状结构)，称为文件夹树。在文件夹树中每一个磁盘对应一个根文件夹，它包含若干个文件和文件夹。文件夹不但可以包含文件，而且可包含下一级文件夹，这样类推下去形成的多级文件夹结构既帮助了用户将不同类型和功能的文件分类储存，又方便文件查找，还允许不同文件夹中文件拥有同样的文件名。文件夹树结构如图 1-13 所示。

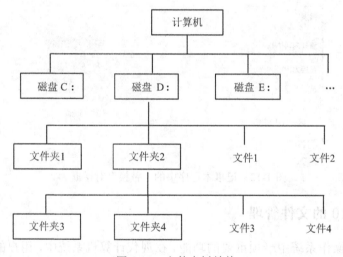

图 1-13　文件夹树结构

5) 文件路径

文件路径是指文件在文件夹树中的位置。文件路径分为绝对路径和相对路径。

绝对路径是指从文件所处的根目录开始到该文件为止所经过的所有文件夹路径。例如，图 1-13 中文件 4 的绝对路径为"D:\文件夹 2\文件 4"。

相对路径是相对当前文件夹来说，该文件在文件夹树中的位置，是指从当前文件夹的子文件夹开始到该文件为止所经过的文件夹路径。例如，若当前文件夹为 D 盘，则图 1-13 中文件 4 的相对路径为"文件夹 2\文件 4"。

2. 文件管理工具

Windows 10 操作系统管理文件主要有两个常用工具，一个是"此电脑"，另一个是

"文件资源管理器"。通过这两个工具可以查看计算机的文件资源，并对文件进行各种管理操作。这两个工具的结构都包含左、右两个窗格，它们的左窗格一样，都是当前计算机的文件夹树窗格；右窗格是内容窗格，显示左侧窗格所选文件夹里的内容。

1) 此电脑

双击桌面上的"此电脑"图标，即可启动"此电脑"窗口，如图 1-14 所示。

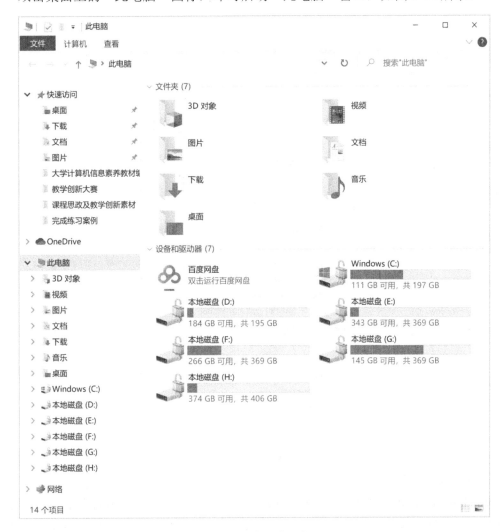

图 1-14 "此电脑"窗口

2) 文件资源管理器

启动"文件资源管理器"的方法有如下几种：

(1) 右键单击"开始"菜单，在弹出的快捷菜单中选择"文件资源管理器"。

(2) 左键单击"开始"菜单，在其中间列表中打开"Windows 系统"，选择里面的"文件资源管理器"。

(3) 在"此电脑"窗口的左窗格中选择"快速访问"。

Windows 10 的"文件资源管理器"新增了"快速访问"功能，窗口启动后右侧窗格默认显示的就是"快速访问"的内容，里面包含"常用文件夹"和"最近使用的文件"两部分，方便用户快捷访问。"文件资源管理器"窗口如图 1-15 所示。

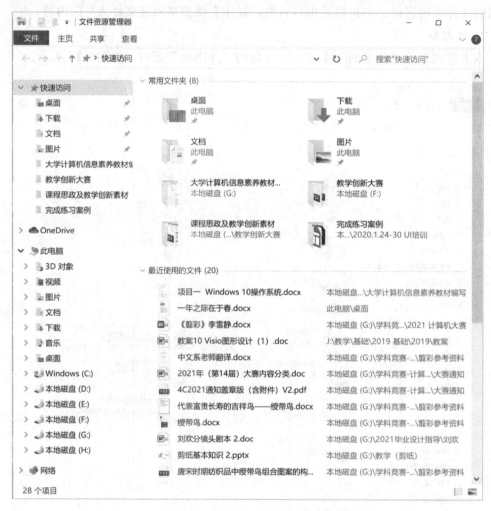

图 1-15　"文件资源管理器"窗口

3. 文件常用管理

Windows 10 操作系统中，用户主要通过"此电脑"或"文件资源管理器"管理计算机文件。常用的文件管理操作有：新建文件夹、选定文件或文件夹、重命名文件或文件夹、复制文件或文件夹、移动文件或文件夹、删除文件或文件夹、搜索文件或文件夹、设置文件或文件夹视图方式、显示或隐藏文件扩展名、创建快捷文件或文件夹方式、设置文件或文件夹属性等。

1）新建文件夹

打开创建文件夹的目标位置，可用以下常用方法创建新文件夹：

(1) 单击窗口标题栏左侧快速访问区的"新建文件夹"按钮，或单击功能区"主页"选项卡中的"新建文件夹"按钮，都可以在当前文件夹中新建一个文件夹，再直接输入文件夹名称，按回车键或在空白处单击确认，如图 1-16 所示。

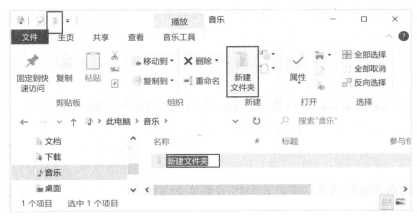

图 1-16　新建文件夹

(2) 同时按下 Ctrl + Shift + N 组合键，再直接输入文件夹名称，按回车键或在空白处单击确认。

(3) 空白处右击鼠标，在弹出的菜单中选择"新建"→"文件夹"，再直接输入文件夹名称，按回车键或在空白处单击确认。

2) 选定文件或文件夹

Windows 操作系统中，对文件或文件夹进行操作前，通常需要先选定操作对象，常用的选定方法有以下几种：

(1) 单选：用鼠标左键单击要选定的文件或文件夹。

(2) 多选(连续)：按住鼠标左键拖动鼠标，出现一个矩形区，释放鼠标，矩形区内的所有对象被选定；或选定第一个文件或文件夹，按下 Shift 键不放，再单击最后一个文件或文件夹；或选定第一个文件或文件夹，按下 Shift 键不放，再连续按光标移动键，向某个方向扩大、减少文件或文件夹的选择。

(3) 多选(不连续)：按下 Ctrl 键不放，再依次单击需要选定的文件或文件夹。

(4) 全选：选择功能区"主页"选项卡中"选择"组里的"全部选择"按钮，或按 Ctrl + A 快捷键，都可以选定当前文件夹下的全部文件和文件夹。"全部选择"按钮如图 1-17 所示。

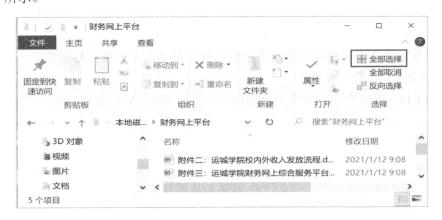

图 1-17　"全部选择"按钮

(5) 取消选择：取消已选定对象中的一个或几个文件或文件夹，需要按住 Ctrl 键，依次单击要取消的文件或文件夹；取消全部选定的文件和文件夹，只需在空白处单击鼠标或单击功能区"主页"选项卡中的"全部取消"按钮。

3) 重命名文件或文件夹

先选定需要修改名称的文件或文件夹，再用以下方法重命名：

(1) 在窗口标题栏左侧的快速访问区单击"重命名"按钮，或单击功能区"主页"选项卡中的"重命名"按钮，再直接输入文件夹名称，按回车键或在空白处单击确认。

(2) 鼠标右击文件或文件夹，在弹出的菜单中选择"重命名"，再直接输入文件夹名称，按回车键或在空白处单击确认。

(3) 选中文件或文件夹后，再次单击文件名或文件夹名，再直接输入文件夹名称，按回车键或在空白处单击确认。

> **注意**：修改文件名时不要修改其扩展名，否则可能导致文件异常。

4) 复制文件或文件夹

复制的特点是复制对象到目标位置后，原位置的对象保持不变。

复制文件或文件夹时，需先选定复制的对象，再用以下方法之一进行复制操作：

(1) 按住 Ctrl 键不放，用鼠标左键按住选定对象，将其拖动到目标文件夹中，拖动时，光标右下角会出现"+"标记。

(2) 鼠标右击选定对象，在弹出菜单中选择"复制"，切换到目标位置，在空白处右击，在弹出菜单中选择"粘贴"。

(3) 按 Ctrl + C 组合键，切换到目标位置，再按 Ctrl + V 组合键。

(4) 在功能区"主页"选项卡中单击"复制到"按钮，再选择目标文件夹。

5) 移动文件或文件夹

移动的特点是移动对象到目标位置后，原位置的对象消失。

移动文件或文件夹时，需先选定移动的对象，再用以下方法之一进行移动操作：

(1) 用鼠标左键按住选定对象将其拖动到目标文件夹中。

(2) 鼠标右击选定对象，在弹出菜单中选择"剪切"，切换到目标位置，空白处右击，在弹出菜单中选择"粘贴"。

(3) 按 Ctrl + X 组合键，切换到目标位置，再按 Ctrl + V 组合键。

(4) 在功能区"主页"选项卡中单击"移动到"按钮，再选择目标文件夹。

6) 删除文件或文件夹

Windows 操作系统中，删除对象分逻辑删除和物理删除两种。逻辑删除是将文件或文件夹送入"回收站"，文件或文件夹并未从硬盘中真正消失，需要时可从"回收站"中"还原"至原位置。物理删除是真正从硬盘中清除对象数据，文件或文件夹无法从"回收站"恢复。

删除文件或文件夹的方法：选择要删除的对象；按键盘上的 Delete 键，或单击"主页"选项卡下的"删除"按钮，或单击快速访问工具栏中的"删除"按钮，或右击选中对象选择"删除"。如果删除时同时按住 Shift 键，则可实现物理删除。

从"回收站"还原文件的方法：打开"回收站"，选择要还原的对象；在功能区单击"还原选定的项目"按钮，或右击选定对象选择"还原"。若单击功能区的"还原所有项目"按钮，则还原回收站里的所有对象。

如果"回收站"信息已无用，可右击"回收站"选择"清空回收站"；或在"回收站"窗口功能区单击"清空回收站"按钮，在弹出的对话框中选择"是"按钮，可彻底清空回收站内容。

7) 搜索文件或文件夹

Windows 10 操作系统具有搜索文件(夹)的功能，当用户记不清文件(夹)名称或位置时，可以使用搜索功能进行查找。

例如，在 D 盘中搜索所有扩展名为 ico 类型的图片文件，搜索过程如下：

(1) 打开 D 盘窗口，在搜索框中输入"*.ico"(说明："*"表示任意字符，"？"表示一个字符)，回车确认后，在窗口功能区打开"搜索"选项卡，在窗口内容区显示出 D 盘下的所有 ico 类型图片文件。在 D 盘中搜索所有扩展名为 ico 类型的图片文件，如图 1-18 所示。

图 1-18　在 D 盘中搜索所有扩展名为 ico 类型的图片文件

(2) 如果需要进一步缩小范围，在搜索选项卡中单击"修改日期""类型""大小""其他属性"按钮，可分别按相应类型缩小搜索范围。例如，在单击"大小"按钮后选择"极小(0～16 KB)"选项，即可搜索出文件大小为 0～16 B 的 ico 类型图片文件，如图 1-19 所示。

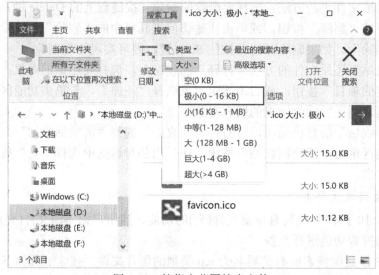

图 1-19　按指定范围搜索文件

8) 设置文件或文件夹视图方式

Windows 10 操作系统中，文件(夹)在窗口内容区显示的视图方式包括文件(夹)图标布局方式和文件(夹)排序方式。

设置文件(夹)图标布局方式的方法：在窗口内容区空白处右击，在弹出菜单中选择"查看"下的相应布局，或在功能区"查看"选项卡中"布局"组里单击合适的布局按钮。设置视图方式如图 1-20 所示。

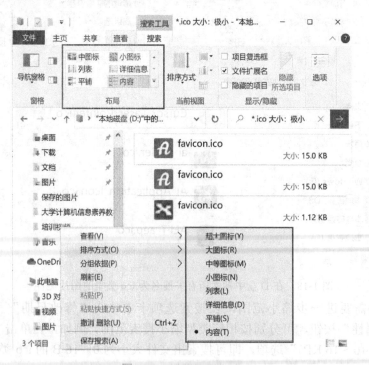

图 1-20　设置视图方式

设置文件(夹)排序方式的方法：在窗口内容区空白处右击，在弹出菜单中选择"排序方式"下的相应排序依据，或在功能区"查看"选项卡中单击"排序方式"按钮，选择合适的排序依据。

9) 显示或隐藏文件扩展名

扩展名是文件类型的标识。例如，如果一个文件的扩展名是 jpg，那么这个文件一定是图片文件。Windows 10 操作系统中，显示或隐藏文件扩展名有两种方法：

(1) 在窗口功能区的"查看"选项卡中的"显示/隐藏"组里，选中"文件扩展名"选项，文件扩展名显示；不选"文件扩展名"选项，则文件扩展名隐藏，如图 1-21 所示。

(2) 在窗口功能区的"查看"选项卡中，单击"选项"按钮，打开"文件夹选项"对话框，打开对话框的"查看"选项卡，在高级设置列表中，不选"隐藏已知文件类型的扩展名"选项，文件扩展名显示；选中"隐藏已知文件类型的扩展名"选项，则文件扩展名隐藏。显示或隐藏文件扩展名如图 1-21 所示。

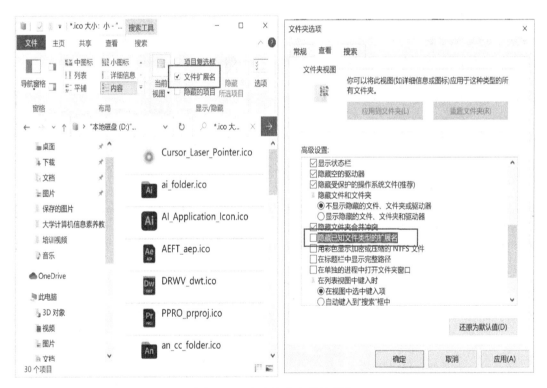

图 1-21　显示/隐藏文件扩展名

10) 创建文件或文件夹快捷方式

快捷方式是 Windows 提供的一种快速启动程序、打开文件或文件夹的方法，快捷方式图标的左下角都有一个非常小的箭头。快捷方式是应用程序的快速链接。删除了快捷方式，对应的程序、文件或文件夹不会受影响；但如果删除了原内容，该内容的快捷方式就会失效。

Windows 10 中创建快捷方式有如下几种方法：

(1) 按住 Alt 键不放，用鼠标左键拖动文件图标到别处，然后放开鼠标即可创建文件的快捷方式。

(2) 鼠标右键点击文件，在弹出菜单中选择"创建快捷方式"，即可在当前位置创建文件的快捷方式。

(3) 鼠标右键点击文件，在弹出菜单中选择"发送"→"桌面快捷方式"，即可在桌面创建文件的快捷方式。

11) 设置文件或文件夹属性

Windows 10 操作系统中，在管理文件或文件夹的过程中，文件或文件夹的属性记录了其相关信息，例如文件的大小、类型、创建时间等，文件夹的位置、包含的文件数等。

如果需要查看或修改文件(夹)属性，可以通过属性对话框实现。右键点击对象，在弹出菜单中选择"属性"命令，可以打开属性对话框。

文件属性对话框中包含"常规""安全""详细信息""以前的版本"四个选项卡，如图 1-22 所示。

图 1-22　文件属性对话框

"常规"选项卡：可查看文件类型、打开方式等信息，还可以修改文件的打开方式、只读及隐藏等属性。例如，要设置文件隐藏，只需选中属性对话框的隐藏属性，按"确定"按钮后即可将文件隐藏。如需显示隐藏的文件，在文件资源管理器窗口功能区的"查看"选项卡中，选中"隐藏的项目"选项；或单击"选项"按钮打开"文件夹选项"对话框，在其"查看"选项卡中选中"高级设置"列表中的"显示隐藏的文件、文件夹和驱动器"，均可显示出隐藏的文件，如图 1-23 所示。

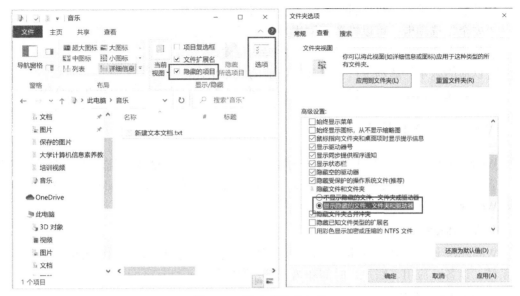

图 1-23　显示或隐藏文件

"安全"选项卡：可以设置不同用户对文件的访问权限。

"详细信息"选项卡：查看文件作者、版本号等信息。

"以前的版本"选项卡：查看文件以前的版本信息。

文件夹属性对话框包含六个选项卡，如图 1-24 所示。

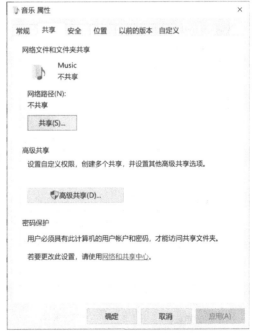

图 1-24　文件夹属性对话框

"常规"选项卡：可查看文件类型、大小等信息，还可以修改文件的只读、隐藏等属性。

"共享"选项卡：可以设置文件夹在网络中进行共享。

"安全"选项卡：可以设置不同用户对文件的访问权限。

"位置"选项卡：可查看、修改文件夹的位置。

"以前的版本"选项卡：查看文件以前的版本信息。

"自定义"选项卡：可以设置在文件夹图标上显示的文件，可以优化文件夹等。

五、Windows 10 的系统管理

Windows 10 操作系统配置了强大的系统管理工具，通过这些工具，用户可以方便地查看管理计算机的硬件和软件系统资源。常用的系统管理工具有 Windows 设置、控制面板、Windows 管理工具和任务管理器。

1. Windows 设置

Windows 设置的功能非常强大，在设置中我们能够对 Windows 10 系统进行设置，如系统、设备、应用、账户、时间和语言等。

1）Windows 设置的启动

启动 Windows 设置的常用方法有以下三种：

(1) 左键单击"开始"菜单，选"设置"按钮。

(2) 右键单击"开始"菜单，选"设置"命令。

(3) 在"此电脑"窗口的功能区"计算机"选项卡中单击"打开设置"按钮。

启动 Windows 设置的三种方法如图 1-25 所示。

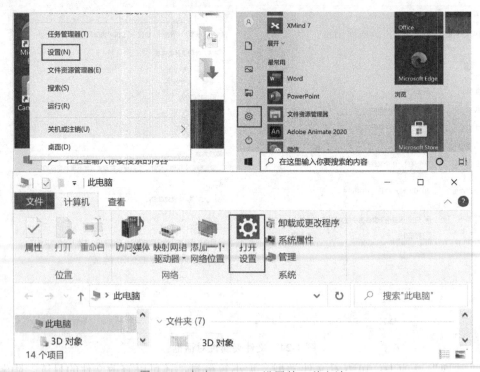

图 1-25　启动 Windows 设置的三种方法

通过上述三种方法都可以打开 Windows 设置窗口，如图 1-26 所示。

图 1-26　Windows 设置窗口

2) Windows 设置的应用和功能

使用 Windows 设置的应用和功能可以实现卸载应用程序，查看、添加和删除可选功能，查看默认应用等功能，具体操作步骤如下：

(1) 在 Windows 设置窗口中点击"应用"。

(2) 在打开的窗口中可以选择获取应用的位置，如"任何来源"等，如图 1-27 所示。

图 1-27　选择获取应用的位置

(3) 点击"可选功能"，可在打开的窗口中添加或卸载可选功能，如图 1-28 所示。

图 1-28　添加或卸载可选功能

(4) 在打开的窗口中还可以搜索、排序和筛选应用程序，或卸载、移动应用程序等，如图 1-29 所示。

图 1-29　搜索、排序和筛选应用程序，或卸载、移动应用程序

3) 自动清理垃圾

Windows 10 可以自动清理电脑垃圾，方法是：打开"Windows 设置"→"系统"→"存储"，右侧以直观的柱状图显示出哪个磁盘空闲空间小，哪种文件占据的空间多，最大的文件都集中在哪些地方等，可清楚地看到存储空间的使用情况。

点开"配置存储感知或立即运行"选项可以设置自动清理垃圾频率，可以选择在磁盘空间不足时自动清理垃圾，也可以设置每隔一段时间清理垃圾，如图 1-30 所示。

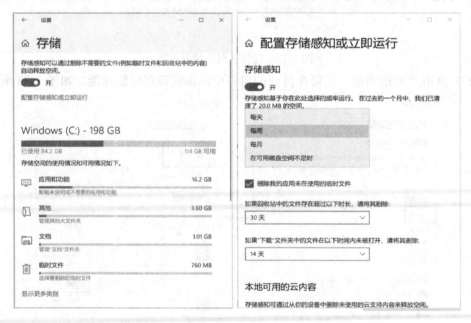

图 1-30　存储感知自动清理垃圾设置

固态驱动器(Solid State Disk 或 Solid State Drive，SSD)俗称固态硬盘，使用时间过久，会出现掉速情况，通过以上的垃圾清理设置，每隔一段时间，Windows 10 就会自动对硬盘进行整理，为用户省去很多麻烦，不用担心掉速。

4) 离开办公室后计算机自动锁定

计算机的自动锁定，除了用 Windows 徽标键＋L 组合键手工锁定外，还可以使用 Windows 10 内置的"动态锁"，它可以实现与电脑连接的蓝牙设备(比如手机)不在连接范围后自动锁定计算机。

其设置方法为：打开 Windows 设置→"账户"，点击窗口左侧的"登录选项"，拖动滚动条在右侧找到并勾选"允许 Windows 在你离开时自动锁定设备"，如图 1-31 所示。

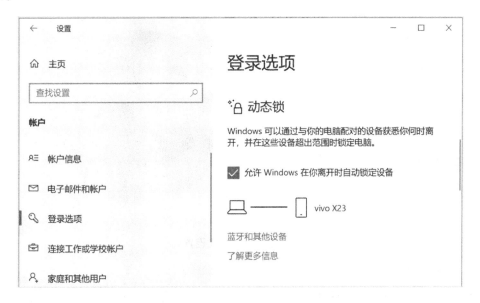

图 1-31　自动锁定计算机设置

5) 免费去蓝光

夜晚使用计算机总会感觉很刺眼，除了各种去蓝光软件外，Windows 10 本身还内置了一项去蓝光功能，可根据早晚时间自动启/闭。

其具体操作步骤为：打开"Windows 设置"→"系统"→"显示"，点击"夜间模式"，然后点击"夜间模式设置"→"在指定时间内开启夜间模式"，选中"日落到日出"即可。

6) 色弱模式

由于部分用户有色弱的问题，Windows 10 的"颜色滤镜"就是专门为色弱用户准备的一款色彩纠正器。

通过选择你的"色弱"类型，操作系统会自动增减某种色彩的通量，来"弥补"色弱用户在查看色彩时的缺陷。色弱模式虽然小众，但对于有这方面需求的用户来说非常实用。

其具体操作步骤为：打开"Windows 设置"→"轻松使用"→"颜色滤镜"，点开

"使用颜色滤镜",再选择色弱类型,如图 1-32 所示。

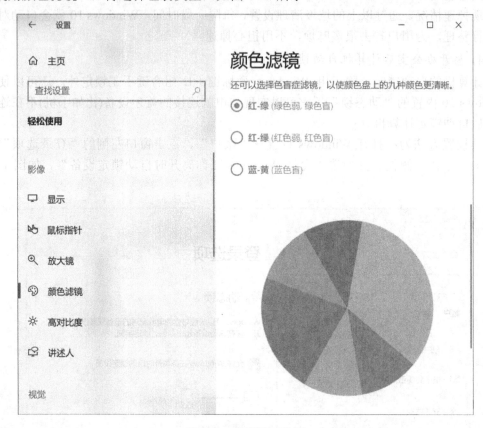

图 1-32　色弱模式设置

2. 控制面板

控制面板是操作系统对计算机的软件和硬件系统进行配置与管理的工具。在 Windows 10 中,"控制面板"的大多数功能已移至"Windows 设置"应用程序,但"Windows 设置"的设置功能不是最全的,有些情况还是需要使用"控制面板"。

1) 启动控制面板

Windows 10 中,启动"控制面板"有以下常用方法:

(1) 打开"开始"菜单,在应用程序列表中单击"Windows 系统"中的"控制面板"选项。

(2) 单击 Cortana 搜索框,键入"控制面板",单击搜索结果中的相应选项。

(3) 右击"此电脑",选择"属性",在打开的窗口左上角单击"控制面板主页"。

(4) 将光标放在"此电脑"或"文件资源管理器"的地址栏,键入"控制面板",回车后即可启动控制面板。

Windows 10 中,控制面板一般以类别的形式来显示功能菜单,分为系统和安全、用户账户、网络和 Internet、外观和个性化、硬件和声音、程序等类别,在每个类别下显示一些常用功能,可以通过右上角的"查看方式"选择"大图标""小图标"的方式查看,从而看到更多的控制面板选项,如图 1-33 所示。

图 1-33　控制面板

2）用控制面板创建、修改用户账户

可以通过控制面板创建、修改用户账户，具体过程如下：

(1) 打开控制面板，查看方式使用"类别"。

(2) 点击"用户账户"，在打开窗口中点击"更改账户类型"。

(3) 如果是修改账户，选择要更改的用户后在打开的窗口上进行修改即可。

(4) 如果创建新账户，则需点击下方的"在电脑设置中添加新用户"，在打开窗口中点击"将其他人添加到这台电脑"，然后按向导提示设置账户名及其密码即可。

3. Windows 管理工具

Windows 10 操作系统自带了很多系统管理工具，用户可以使用它们来查看系统信息或诊断计算机问题。

1）开启 Windows 10 系统管理工具的两种常用方法

(1) 左键单击打开"开始"菜单，在中间的应用列表中，找到 Windows 管理工具，点击弹出这个文件夹下的所有工具，找到自己想要使用的工具单击即可操作，如图 1-34 所示。

图 1-34　"开始"菜单应用列表中的管理工具

(2) 打开控制面板，在控制面板中设置查看方式为大图标或者小图标，然后从列表中点击"管理工具"，即可打开"管理工具"窗口，如图 1-35 所示。

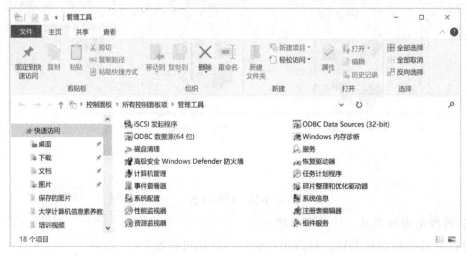

图 1-35　"管理工具"窗口

2) 常用系统管理工具

Windows 10 的管理工具中，每个工具都有其独立的功能，用户可以从中选择自己想使用的工具。下面介绍常用的"计算机管理"和"磁盘清理"工具。

"计算机管理"工具：一组 Windows 管理工具，可用来管理本地或远程计算机，这样就可以方便查看管理属性和访问执行计算机管理任务所需的工具。例如，打开里面的"设备管理器"，可以查看当前计算机的所有硬件配置情况。"计算机管理"工具如图 1-36 所示。

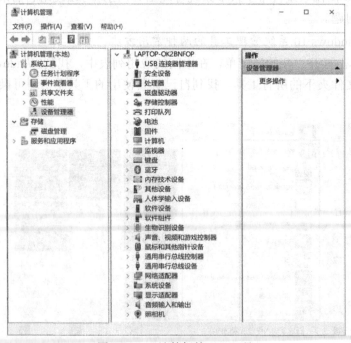

图 1-36　"计算机管理"工具

"磁盘清理"工具：随着使用时间的推移，在计算机的磁盘中都会积累一定的垃圾文件，这些垃圾文件占用计算机的磁盘空间，严重影响计算机的运行速度。利用管理工具中的"磁盘清理"工具，可以快速清理垃圾文件，释放磁盘空间。

磁盘清理过程如下：

(1) 打开"Windows 10 管理工具"，单击打开里面的"磁盘清理"工具。

(2) 在打开的对话框上选择要清理的磁盘驱动器，单击"确定"按钮。

(3) 在打开的对话框上方选择要删除的文件，如是系统盘，单击下方的"清理系统文件"，非系统盘单击下方的"确定"按钮。

4. 任务管理器

Windows 操作系统运行过程中，应用程序经常会出现异常情况。当无法正常关闭异常的应用程序时，就需要启动"任务管理器"来结束该任务。

启动任务管理器的常用方法有以下几种：

(1) 单击打开"开始"菜单，在应用程序列表中单击"Windows 系统"，再单击里面的"任务管理器"。

(2) 右击任务栏空白处，在弹出菜单中单击"任务管理器"。

(3) 按 Ctrl + Alt + Delete 组合键，在打开的窗口中选择"任务管理器"。

(4) 右击"开始"菜单，在弹出菜单中单击"任务管理器"。

Windows 10 的任务管理器如图 1-37 所示。

图 1-37 任务管理器

启动任务管理器后，在"进程"选项卡中的"应用"列表里选择异常程序，然后单击右下角的"结束任务"按钮，就可以结束异常的应用程序。

六、Windows 10 的实用工具

Windows 10 的革新带给用户特别的视觉效果和实用效果，它自带的一些小程序和特色功能既方便又实用，常用的有计算器、记事本、画图、多重剪贴板、截图功能、录屏功能、任务视图、虚拟桌面、窗口分屏、常用快捷键、滑屏关机等。

1. 计算器

Windows 10 的计算器在"开始"菜单的应用程序列表中。它有五种计算模式：标准、科学、绘图、程序员和日期计算。计算器既可以进行各种模式的常规运算，还可以进行一些格式的转换，如货币类型的转换、长度单位的转换等。

2. 记事本

Windows 10 的记事本是"开始"菜单中"Windows 附件"里的一个小程序。记事本是一个纯文本编辑工具，不能编辑图像、表格、视频等信息，用记事本生成的文件扩展名为".txt"。

3. 画图

Windows 10 的画图也是"开始"菜单中"Windows 附件"里的一个小程序，可以满足用户日常对图片的编辑需要，还可以绘制简单图像。相对一些专业图形处理软件，画图工具比较节省内存空间，是一款实用便捷的小软件。

4. 多重剪贴板

以前版本操作系统的剪贴板是不可见的，且只能存放一个内容，当有新内容存入时，原有内容会被覆盖。Windows 10 自带的是多重剪贴板，既可以调用显示，还可以存放多个复制剪切的对象，用户可以从剪贴板有选择地进行粘贴。

使用 Windows 10 剪贴板的步骤如下：

(1) 若是首次使用，需按 Windows 徽标键 + V 组合键，调出剪贴板界面，如图 1-38 所示，点击"打开"按钮，再关闭剪贴板窗口；若非首次使用，此步忽略。

(2) 多次进行复制或剪切操作。

(3) 按 Windows 徽标键 + V 组合键，调出剪贴板，并可在其中看到复制历史记录，如图 1-39 所示。

(4) 单击某个记录即可将其粘贴到当前光标处。

图 1-38　首次打开的剪贴板　　　　图 1-39　有复制内容的剪贴板

5. 截图功能

Windows 10 自带两个截图功能小程序，一个是快捷截图，另一个是截图工具。

1) 快捷截图

按 Windows 徽标键 + Shift + S 组合键，可打开截图栏，其中有四个截图方式可选：矩形截图、任意形状截图、窗口截图以及全屏幕截图。任选一种截图方式后可以用鼠标捕获截图区域，所截图像将保存到剪贴板中。如图 1-40 所示为任意形状截图。

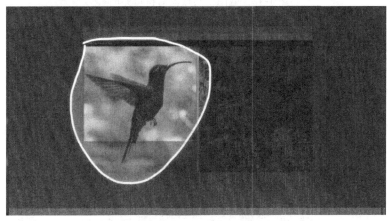

图 1-40　任意形状截图

2) 截图工具

截图工具是"开始"菜单中"Windows 附件"里的一个小程序，它有四种截图模式：任意格式截图、矩形截图、窗口截图和全屏幕截图，其窗口界面如图 1-41 所示。

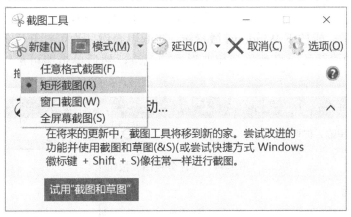

图 1-41　截图工具窗口界面

截图工具与快捷截图的主要区别为，截图工具截图后可以通过窗口工具栏上的工具对所截图像进行编辑，如保存发送、添加标记等，如图 1-42 所示。

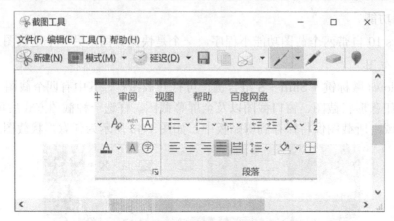

图 1-42　截图工具截图后窗口界面

6. 录屏功能

按 Windows 徽标键 + G 组合键唤醒这个功能，可以选择录像还是截屏。录屏界面如图 1-43 所示。

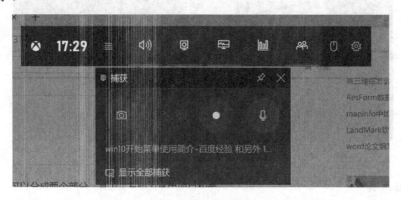

图 1-43　录屏界面

7. 任务视图

要从时间线中返回过往活动，选择任务栏上的"任务视图"按钮，"任务视图"按钮如图 1-44 所示，或按下 Windows 徽标键 + Tab 组合键，均可打开任务视图；在任务视图中向下滚动滚动条，直到找到想要返回的记录，然后单击即可从以前停止的地方恢复。

图 1-44　"任务视图"按钮

8. 虚拟桌面

多显示器可以在很大程度上提升工作效率。除此之外，虚拟桌面也能让工作井井有条。这样，可以将工作分类放置到不同"桌面"，比方说办公类桌面、资讯类桌面、行情类桌面、虚拟桌面位于 Windows 10 的任务视图面板中。点击任务栏上的"任务视图"

按钮，或按下 Windows 徽标键＋Tab 组合键，即可进入。任务视图面板如图 1-45 所示。

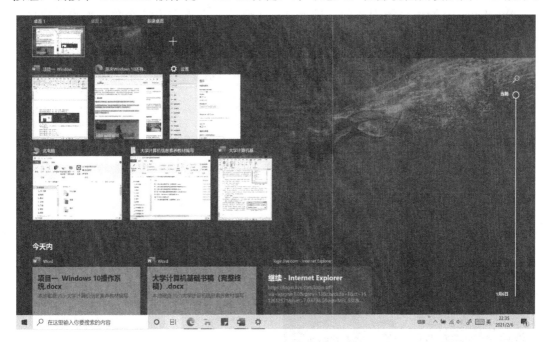

图 1-45   任务视图面板

在任务视图面板的上方是添加的多个虚拟桌面缩略图，将鼠标放在一个虚拟桌面的缩略图上时，可以看到此桌面上正在运行的程序，可以用鼠标拖曳这些程序到任何一个虚拟桌面中。

在任务视图面板中，单击"新建桌面"按钮，可添加虚拟桌面；单击桌面缩略图右上方的关闭按钮，可删除虚拟桌面，如图 1-46 所示。

图 1-46   添加、删除虚拟桌面

虚拟桌面的常用快捷键如下：

(1) 按 Windows 徽标键＋Ctrl＋D 组合键，新建虚拟桌面。

(2) 按 Windows 徽标键＋Ctrl＋←组合键，向左切换虚拟桌面。

(3) 按 Windows 徽标键＋Ctrl＋→组合键，向右切换虚拟桌面。

(4) 按 Windows 徽标键＋Ctrl＋F4 组合键，删除当前虚拟桌面。

9. 窗口分屏

Windows 7 操作系统已具备定向分屏功能，只要将窗口拖拽到屏幕边缘对应的热区上，就能将窗口以 1/2 尺寸分屏。

　　Windows 10 操作系统则在此基础上进行了强化，上下左右四个角全部设为热区，这样就能在一个桌面上获取最多 4 个屏幕区域，提升了工作效率。分屏效果如图 1-47 所示。

图 1-47　分屏效果

Windows 10 分屏快捷键为"Windows 徽标键 + 上、下、左、右方向键"。

10. 常用快捷键

Windows 10 中常用的快捷键如下：

(1) Windows 徽标键 + D 键，返回桌面。

(2) Windows 徽标键 + L 键，进入锁屏。

(3) Windows 徽标键 + R 键，打开运行对话框。

(4) Windows 徽标键 + E 键，打开文件资源管理器。

(5) Windows 徽标键 + I 键，打开 Windows 设置。

(6)　ALT + F4 键，关闭任务/关机。

(7) Ctrl + Alt + Delete 键，快速打开任务管理器。

11. 滑屏关机

在 Windows 10 中使用滑屏关机，可先进行以下设置：

(1) 在 C:\Windows\System32 文件夹里找到 SlideToShutDown.exe 文件。

(2) 右击创建文件的快捷方式到桌面。

(3) 右击快捷方式，选"属性"，打开"快捷方式"选项卡，设置"快捷键"。

设置好以上内容后，双击桌面上的 SlideToShutDown.exe 快捷方式，或者按自己设置的快捷键，即可实现滑屏关机。

【任务实施】

1. Windows 10 的基本操作

(1) 改变桌面图标的查看方式为"中等图标"。

(2) 改变桌面图标的排序方式为按文件名排序。

(3) 自定义桌面的背景、颜色和锁屏界面。

(4) 打开任务视图面板，查看电脑近段时间工作情况。

(5) 任意打开四个窗口，将四个窗口按 1/4 分屏显示。

2. Windows 10 的文件管理

(1) 在 D 盘上新建一个文件夹，命名为自己的学号后两位 + 姓名，如"01 李平"。

(2) 在自己的文件夹中新建三个文件夹，分别命名为"文档""图片"和"音乐"。

(3) 显示电脑上已知文件类型的扩展名。

(4) 在"文档"文件夹中新建一个文本文档，命名为"关公精神.txt"，并在文档中输入自己对关公精神的解读，保存并关闭文档。

(5) 从网上下载一张关公图片，格式不限，命名为"关公图片"(不含扩展名)，保存到"图片"文件夹中。

(6) 从网上下载一首关公的相关歌曲，格式不限，命名为"关公歌曲"(不含扩展名)，保存到"音乐"文件夹中。

(7) 在自己文件夹中创建"文档"文件夹的快捷方式，并将此快捷方式复制到桌面。

(8) 删除自己文件夹中的"文档"文件夹的快捷方式。

(9) 将"文档"文件夹中的"关公精神.txt"文件设为只读。

(10) 在自己文件夹中新建一个文本文档，命名为"关公歌曲绝对路径.txt"，在文档中输入"音乐"文件中的关公歌曲文件的绝对路径，保存并关闭文档。

(11) 将"图片"文件夹设为隐藏。

(12) 将隐藏的"图片"文件夹显示出来。

3. Windows 10 的系统管理和实用工具

(1) 为当前电脑创建一个新账户，账户名为"xzh"，设置其登录密码为"123"。

(2) 对计算机的 D 盘进行磁盘清理和碎片整理。

(3) 对 D 盘磁盘清理的过程进行截图，并将所截图片放入一个 Word 文档中，文档命名为"磁盘清理过程.docx"。

(4) 打开浏览器，启动任务管理器，用任务管理器结束浏览器的运行。

(5) 练习计算机的锁定功能。

项目二　文字处理软件 Word 2016

Microsoft Word 2016 是 Microsoft 公司开发的 Office 2016 办公软件组件之一，主要用于文字处理工作。Word 2016 集编辑、制表、绘图、排版与打印于一体，使文档的组织、编写和打印更轻松高效。

本项目学习文字处理软件 Word 2016 的基础知识和基本操作，包括 Word 文档的基本操作、文档排版、图文混排、表格操作和长文档编排等。通过本项目的学习，可以制作内容丰富、格式精美的各类文档，例如论文、通知、简历、邀请函、书籍、名片、宣传海报、贺卡等。

任务 1　基 本 排 版

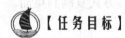【任务目标】

知识目标

(1) 熟悉文字处理软件 Word 2016 的概况、启动与退出以及工作界面；
(2) 掌握文档的创建、编辑以及排版知识。

技能目标

能够应用 Word 2016 完成文档的创建、编辑及基本排版任务。

素质目标

通过文字处理实践过程，形成创新意识、建立计算机信息素养和积极的创新情感，积淀中华优秀传统文化底蕴，升华服务社会的责任感和使命感。

【任务描述】

文档经过编辑、修改变得正确、通顺后，还需要排版，使之成为一篇图文并茂、赏心悦目的文章。Word 提供了丰富的排版功能，如页面排版、文字排版、段落排版等。

本任务是对编辑后的文档进行基本排版，设置文档的字符格式、段落格式和页面格式。

【相关知识】

一、Word 2016 概况及工作界面

Microsoft Office 2016 是由微软推出的 Office 系列软件新版本。Office 2016 相比 Office 2013，增加了许多新功能。下面以 Word 2016 为例介绍 Office 2016 的新功能。

1. Office 2016 的新功能

1) 协同工作功能

Office 2016 新加入了协同工作的功能，只要通过共享功能选项发出邀请，就可以让其他使用者一同编辑文件，而且每个使用者编辑过的地方，也会出现提示，让所有人都可以看到哪些段落被编辑过。对于需要合作编辑的文档，这项功能非常方便。

2) 搜索框功能

打开 Word 2016，在界面右上方，可以看到一个搜索框，在搜索框中输入想要搜索的内容，搜索框会给出相关命令，这些都是标准的 Office 命令，直接单击即可执行该命令。对于使用 Office 不熟练的用户来说会方便很多。

3) 云模块与 Office 融为一体

Office 2016 中云模块已经很好地与 Office 融为一体。用户可以指定云作为默认存储路径，也可以继续使用本地硬盘储存。值得注意的是，由于"云"同时也是 Windows 10 的主要功能之一，因此 Office 2016 实际上是为用户打造了一个开放的文档处理平台，用户通过手机、iPad 或是其他客户端即可随时存取刚刚存放到云端上的文件，如图 2-1 所示。

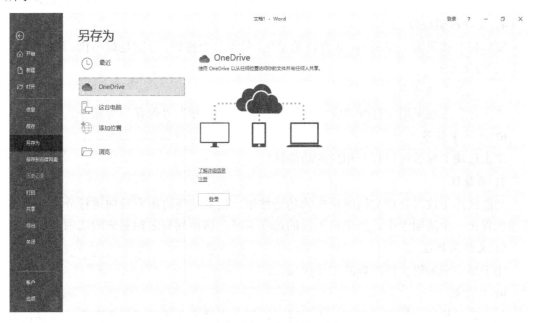

图 2-1　选择云作为存储路径

2. Word 2016 的工作界面

打开 Word 2016 软件，工作界面如图 2-2 所示。

图 2-2　Word 2016 工作界面

1) 快速访问工具栏

快速访问工具栏用于放置保存、撤销键入和重复键入命令。

2) 标题栏

标题栏显示当前软件环境(这里是"Microsoft Word")及正在编辑的文档名称。

3) "功能区显示选项"按钮

"功能区显示选项"按钮用于自动隐藏功能区、显示选项卡、显示选项卡和命令。

4) 窗口控制按钮

窗口控制按钮用于控制 Word 窗口的变化，包含三个按钮，分别是最小化、最大化(或向下还原)及关闭。

5) "文件"选项卡

"文件"选项卡用于打开"文件"菜单，包含"打开""保存"等命令。

6) 选项卡标签

单击选项卡标签可以打开相应的功能区。

7) 功能区

功能区用于放置处理文档时所需的功能按钮，根据功能将所有按钮进行分类，各类按钮放置在一个选项卡中。当单击不同的选项卡时，切换到与之相对应的选项卡面板。

8) 文档编辑区

用于显示或编辑文档内容的工作区域。

9) 状态栏

状态栏是位于文档窗口底部的水平区域，用来提供当前正在窗口中查看的内容状态以及文档上下文信息。状态栏分为若干段，用于显示当前状态，如文档的页数，现在是

第几节、第几行、第几列等。

3. Word 2016 的视图

在使用 Word 处理文档的时候，需要用不同的方式来查看文档的效果。因此，Word 提供了几种不同的查看方式来满足人们的不同需要，这就是 Word 的视图功能。

所谓"视图"，就是查看文档的方式。同一个文档可以在不同的视图下查看，虽然文档的显示方式不同，但内容是不变的。Word 2016 提供了 5 种视图，一般情况下默认为页面视图，用户可以选择最合适自己的工作方式来显示文档。例如，可以使用页面视图来输入、编辑和排版；使用大纲视图来查看文档的目录结构；使用页面视图来查看设置的打印效果等。视图之间的切换在"视图"选项卡中的"文档视图"组中，单击需要的视图按钮或单击视图切换按钮选择相应的视图。

1) 页面视图

适用于概览整个文档的总体效果，从而进行 Word 的各种操作。在该视图中可以显示页面大小、布局，编辑页眉和页脚，查看、调整页边距，处理分栏及图形对象等，具有真正的"所见即所得"的显示效果。所谓所见即所得，就是在屏幕上看到的效果和打印出来的效果是一致的，几乎 Word 里的各种操作都可以在"页面视图"中完成。

2) 大纲视图

大纲视图一般用于查看和处理文档的结构，特别适合编辑那种含有大量章节的长文档，大纲视图能让文档层次结构清晰，并可根据需要进行调整。大纲视图可显示文档的层次结构，不显示页边距、页眉和页脚、图片和背景等。用户使用大纲视图来组织文档结构时，可将章、节、目、条等标题格式依次定义为一级、二级、三级、四级标题，处理和观察时只显示所需级别的标题，而不必显示出所有内容。用户操作时，移动标题则其所有子标题和从属正文也将随之移动。

3) 阅读版式视图

适合用户查阅文档，用模拟书本阅读的方式让人感觉在翻阅书籍。

4) Web 版式视图

使用这种版式可快速预览当前文本在浏览器中的显示效果，如果要编排网页版式文章，可以将视图方式切换为 Web 版式，这种视图下编排出的文章样式与最终在 Web 页面中显示的样式是相同的，可以更直观地进行编辑。

5) 草稿视图

只显示字体、字号、字形、段落及行间距等最基本的格式，将页面的布局简化，适合快速键入或编辑文字，并编排文字的格式。

二、Word 2016 的基本操作

使用 Word 2016 制作文档的基本操作主要包括新建文档、输入文档内容、编辑文档、保存文档和保护文档等。

1. 新建文档

当启动 Word 后会自动新建一个新文档并暂时命名为"文档 1"。如果在编辑文档的

过程中还需另外创建一个或多个文档时，Word 会将其依次命名为"文档 2""文档 3"等，方法如下：

(1) 在快速访问工具栏中添加"新建"按钮后，单击该按钮。

(2) 单击"文件"选项卡，选择"新建"命令。在"可用模板"选项区选择"空白文档"选项，单击"创建"按钮即可创建出一个空白文档。也可以选择其他需要创建的文档类型，例如"博客文章""书法字帖"等。

2. 输入文档内容

文档的输入方法有很多种，最常用的是通过键盘输入。输入文档内容时要注意的是，每当文本到达右边界时，文字处理软件会自动插入一个"软回车"，使光标移到下一行左边界处，用户不必按回车键。只有要结束一个自然段落时，需要用回车键输入一个"硬回车"来完成。

1) 汉字和英文字母的输入

可以直接从键盘输入，也可以通过复制、粘贴操作输入。

2) 中英文标点符号的输入

通过单击输入法状态栏上的"中/英文标点"按钮，可以进行中/英文标点符号的输入。例如，切换到中文标点后，键盘上的符号"\"对应中文标点符号"、"，键盘上的符号"^"对应中文标点符号"……"(输入时需要按住 Shift 键)，键盘上的符号"<"对应中文标点符号"《"等。

3) 特殊符号的输入

特殊符号包括数学符号、单位符号、希腊字符等，可以通过输入法状态栏的软键盘来输入。

4) 特殊图形符号的输入

单击"插入"选项卡中的"符号"组中的"符号"按钮，选择"其他符号"，打开"符号"对话框，选择需要的符号。

5) 插入日期

如果要快速输入当前的日期和时间，可以单击"插入"选项卡中的"文本"组中的"日期和时间"按钮，打开"日期和时间"对话框，选择需要的日期和时间格式进行输入。

6) 插入数学公式

单击"插入"选项卡中"符号"组中的"公式"按钮，可以选择固定公式或新公式进行输入。

3. 编辑文档

文档中的内容经常要进行删除、移动、复制等编辑操作，文档的编辑操作应"先选定，后执行"。

1) 选定

选定文本有两种方法，即基本的选定方法和利用选定区的方法。

(1) 基本的选定方法。

鼠标选定：将光标移到要选定的段落或文本的开头，按住鼠标左键拖拽经过需要选定的内容后松开鼠标。

键盘选定：单击要选定内容的起始处，然后在要选定内容的结尾处，按住 Shift 键的同时单击。

(2) 利用选定区。

在文本区的左边有一垂直的长条形空白区域，称为"选定区"。当鼠标移动到选定区时，鼠标指针变为右向箭头，在该区域单击鼠标，可以选中鼠标指针所指的一整行文字；双击鼠标，可选中鼠标指针所在的段落；三击鼠标，整个文档全部被选中。如果在选定区中拖动鼠标可选中连续的若干行。

如果需要同时选定多块不连续区域，可以通过按住 Ctrl 键再加选定操作来实现。如果要选定一块矩形文本，按住 Alt 键，同时拖动鼠标。若要取消选定，在文本窗口的任意处单击鼠标或按光标移动键即可。

2) 复制和移动

(1) 近距离复制或移动内容的方法。

选定要复制或移动的内容，如果移动文本，按住鼠标左键将其拖至目标位置；如果复制文本，按住 Ctrl 键拖动鼠标左键到目标位置。

在进行复制或移动时，也可按住鼠标右键拖动所选内容。在释放鼠标键后，将出现一个快捷菜单，它显示了可供选择的复制或移动操作。

(2) 远距离复制或移动内容的方法。

① 选定要复制或移动的内容。

② 如果要进行移动，单击"开始"选项卡中的"剪贴板"组中的"剪切"按钮(快捷键 Ctrl + X)；如果要进行复制，单击"开始"选项卡中的"剪贴板"组中的"复制"按钮(快捷键 Ctrl + C)。

③ 如果要将所选内容复制或移动到其他文档，需先切换到目标文档。单击要粘贴所选内容的位置，再单击"开始"选项卡中的"剪贴板"组中的"粘贴"按钮(快捷键 Ctrl + V)。

3) 删除

删除文本可以用以下几种方法：

(1) 选中要删除的文本，按 Delete 键或 Backspace 键。

(2) 选中要删除的文本，单击右键，在快捷菜单中选择"剪切"命令。

(3) 选中要删除的文本，单击"开始"选项卡中的"剪贴板"组中的"剪切"按钮。

4) 查找和替换

查找能快速搜寻文字，替换是将查找到的文本替换为新的内容。

(1) 查找。将光标移动到要查找文本的起始位置，单击"开始"选项卡的"编辑"组中的"查找"按钮，选择"高级查找"命令，弹出"查找和替换"对话框。在"查找内容"框中输入要查找的内容，单击"更多"按钮，可以设置"区分大小写"等选项。单击"查找下一处"按钮，被找到的字符反相(以选中的状态)显示，再次单击"查找下一处"进行连续查找，若查找完毕，Word 将显示查找结束对话框。

(2) 替换。将光标移动到要替换的起始位置，单击"开始"选项卡的"编辑"组中的"替换"按钮，弹出"查找和替换"对话框。在"查找内容"框中输入要查找替换的文本，在"替换为"框中输入新的文本，单击"查找下一处"按钮，被找到的字符将会反相显示，确定该文本是否需要被替换。如果需要则单击"替换"按钮，否则单击"查找下一处"按钮。如果确定所有查找内容都要替换，单击"全部替换"按钮即可。单击"格式"按钮和"特殊格式"按钮可以进行其他格式和特殊格式的替换。

4. 保存文档

在新建的空白文档中输入了文本内容后，应及时将当前只是存在于内存中的文档保存为磁盘文件。保存文档的方法如下：

(1) 单击快速访问工具栏中的"保存"按钮。

(2) 单击"文件"选项卡，选择"保存"或"另存为"命令。

(3) 使用快捷键 Ctrl + S。

当保存新建文档时，Word 将弹出"另存为"对话框。在该对话框中，选择保存位置；在"文件名"框中输入要保存文档的文件名或采用系统提供的名称(不必输入扩展名)；在"保存类型"框中使用默认的"Word 文档"；单击"保存"按钮。

对于已保存了的文档，用户若又进行了一些文本编辑、格式化等操作时，若执行"保存"命令，将直接保存到原来的文件。

如果既想保存改变后的文档，又不希望覆盖之前的内容，可单击"文件"选项卡，选择 "另存为"命令，打开"另存为"对话框。在其中输入新的文件名并选择保存位置后单击"保存"按钮，将以一个新的文件副本保存当前文档。

5. 保护文档

用户的文档可以使用密码进行保护，以防止其他用户随便查看。单击"文件"选项卡，选择"信息"命令，在打开的界面中选择"保护文档"按钮，在打开的下拉菜单中选择"用密码进行加密"命令，打开"加密文档"对话框，输入密码后确定，系统要求再次确认密码。

三、文档排版

1. 设置字符格式

字符是指文档中输入的汉字、字母、数字、标点符号等。字符排版包括字符的字体、字号、字形、颜色和字符的间距等。

单击"开始"选项卡中的"字体"组中的相应命令按钮可以对字符进行格式设置，也可以单击"字体"组右下角的对话框启动器，打开"字体"对话框对字符进行格式设置。

2. 设置段落格式

段落由一些字符和其他对象组成，最后是段落标记↵。段落标记不仅标识着段落结束，而且存储了这个段落的排版格式。段落排版格式包括段落对齐、段落缩进、段间距和行间距、项目符号和编号、边框和底纹、格式刷等内容。自然段↓是按 Shift + Enter 键形成的，自然段不是段落，段落可以是几个自然段。段落格式化设置是以一个段落为单位的。

如果文档没有显示段落标记，可以单击"开始"选项卡中的"段落"组中的"显示/隐藏编辑标记"按钮 ，也可以单击"文件"选项卡，选择"选项"命令，打开"选项"对话框，选择"显示"标签，设置是否显示段落标记。

单击"开始"选项卡中的"段落"组中的相应命令按钮可以对段落进行格式设置，也可以单击"段落"组右下角的对话框启动器，打开"段落"对话框对段落进行格式设置。

1) 段落对齐

对齐文本可以使文本清晰易读，对齐方式有五种：左对齐、居中、右对齐、两端对齐和分散对齐。其中两端对齐是以词为单位，自动调整词与词间空格的宽度，使正文沿页的左右边界对齐，这种对齐方式可以防止英文文本中一个单词跨两行的情况，但对于中文，其效果等同于左对齐。分散对齐是使字符均匀地分布在一行上。

2) 段落缩进

段落缩进是指段落各行相对于页面边界的距离。一般每个文档段落都规定首行缩进两个字符。有时为了强调某些段落，需要进行段落缩进。段落缩进有四种：左缩进、右缩进、首行缩进和悬挂缩进，段落缩进效果如图 2-3 所示。

左缩进：段落缩进是指段落各行相对于页面边界的距离。左缩进是指段落各行相对于页面左边界的距离。

右缩进：段落缩进是指段落各行相对于页面边界的距离。右缩进是指段落各行相对于页面右边界的距离。

首行缩进：段落缩进是指段落各行相对于页面边界的距离。首行缩进是指段落首行相对于页面左边界的距离。

悬挂缩进：段落缩进是指段落各行相对于页面边界的距离。悬挂缩进是指段落除首行外，其余各行相对于页面左边界的距离。

图 2-3　段落缩进效果

3) 段间距和行间距

段落间距指当前段落与相邻两个段落之间的距离，包括段前距离和段后距离，加大段落之间的间距可使文档显示清晰。行间距指段落中行与行之间的距离。选择行间距中的最小值、固定值和多倍行距时，可在"设置值"文本框中选择或输入值。设置段落缩进和段落间距时，单位有"磅""厘米""字符""英寸"等。可以通过单击"文件"选项卡，选择"选项"命令，打开"Word 选项"对话框，单击"高级"标签，在"显示"栏中进行单位的设置。

4) 项目符号和编号

在文档处理中，经常需要在段落前面加上符号和编号以使文档层次清楚，便于阅读。创建项目符号和编号的方法是：选择需要添加项目符号和编号的若干段落，单击"开始"选项卡中"段落"组中的"项目符号"按钮 ，"项目编号"按钮 或"多级列表"按钮 。

5) 边框和底纹

用户可以给段落加上边框和底纹，起到强调和美观的作用。单击"开始"选项卡中

"段落"组中的"边框"按钮 右边的下拉按钮，选择边框类型。对于复杂的边框和底纹可以选择"边框和底纹"命令，打开"边框和底纹"对话框，如图 2-4 所示。

图 2-4　"边框和底纹"对话框

(1) 边框。可以在"边框和底纹"对话框中对文字、段落和页面设置边框。

① 文字边框。选择需要设置边框效果的文字，在"边框"选项卡的"应用于"下拉列表框中选择"文字"，并设置样式、颜色、宽度等其他效果。文字边框的效果如图2-5 所示。

永乐宫原名大重阳万寿宫，为我国四大道观之一。始建于公元 14 世纪。道教由东汉人张道陵创立，奉春秋时期的思想家李耳（即老子）为教祖。唐太宗李世民自称是李耳的后裔，他在位时采取了兴道抑佛的宗教政策，宋代有几位帝王也提倡道教，于是道教在唐宋时期逐渐兴盛。元太祖成吉思汗对道徒丘处机极为器重，曾下令免除丘处机及其管辖的观院道士的一切赋税，致使道教在元代时期盛极一时，永乐宫就建造于此时。

图 2-5　文字边框效果

② 段落边框。选择需要设置边框效果的段落或光标定位在要设置边框效果的段落，在"边框"选项卡的"应用于"下拉列表框中选择"段落"，并设置样式、颜色、宽度等其他效果。段落边框的效果如图 2-6 所示。

永乐宫原名大重阳万寿宫，为我国四大道观之一。始建于公元 14 世纪。道教由东汉人张道陵创立，奉春秋时期的思想家李耳（即老子）为教祖。唐太宗李世民自称是李耳的后裔，他在位时采取了兴道抑佛的宗教政策，宋代有几位帝王也提倡道教，于是道教在唐宋时期逐渐兴盛。元太祖成吉思汗对道徒丘处机极为器重，曾下令免除丘处机及其管辖的观院道士的一切赋税，致使道教在元代时期盛极一时，永乐宫就建造于此时。

图 2-6　段落边框效果

③ 页面边框。如果需要为某些页面或整个文档加边框，可以在"页面边框"选项卡中进行设置。页面边框的效果如图 2-7 所示。

图 2-7　页面边框效果

(2) 底纹。可以在"边框和底纹"对话框中的"底纹"选项卡中设置文字和段落的底纹。

① 文字底纹。选择需要设置底纹效果的文字，在"底纹"选项卡的"应用于"下拉列表框中选择"文字"，并设置填充、图案等其他效果。文字底纹效果如图 2-8 所示。

> 永乐宫原名大重阳万寿宫，为我国四大道观之一。始建于公元 14 世纪。道教由东汉人张道陵创立，奉春秋时期的思想家李耳（即老子）为教祖。唐太宗李世民自称是李耳的后裔，他在位时采取了兴道抑佛的宗教政策，宋代有几位帝王也提倡道教，于是道教在唐宋时期逐渐兴盛。元太祖成吉思汗对道徒丘处机极为器重，曾下令免除丘处机及其管辖的观院道士的一切赋税，致使道教在元代时期盛极一时，永乐宫就建造于此时。

图 2-8　文字底纹效果

② 段落底纹。选择需要设置底纹效果的段落或光标定位在要设置底纹效果的段落，在"底纹"选项卡的"应用于"下拉列表框中选择"段落"，并设置填充、图案等其他效果。段落底纹效果如图 2-9 所示。

> 永乐宫原名大重阳万寿宫，为我国四大道观之一。始建于公元 14 世纪。道教由东汉人张道陵创立，奉春秋时期的思想家李耳（即老子）为教祖。唐太宗李世民自称是李耳的后裔，他在位时采取了兴道抑佛的宗教政策，宋代有几位帝王也提倡道教，于是道教在唐宋时期逐渐兴盛。元太祖成吉思汗对道徒丘处机极为器重，曾下令免除丘处机及其管辖的观院道士的一切赋税，致使道教在元代时期盛极一时，永乐宫就建造于此时。

图 2-9　段落底纹效果

6) 格式刷

如果需要将设置好的文字或段落格式应用于其他文字或段落，可以单击"开始"选项卡中的"剪贴板"组中的"格式刷"按钮 格式刷。先选定设置好格式的文字或段落，单击"格式刷"按钮，然后用鼠标拖曳经过要应用此格式的文字或段落，可以完成一次格式复制。如果需要多次复制格式，先选定设置好格式的文字或段落，双击"格式刷"按钮，就可实现多次格式复制，若要取消复制操作，再次单击"格式刷"按钮即可。

3. 页面格式

页面排版主要包括页面设置、页眉和页脚、脚注和尾注、特殊格式设置(分栏、首字下沉)等。

1) 页面设置

页面设置包括设置纸张大小、页边距、每页容纳的行数和每行容纳的字数等。单击"页面布局"选项卡中"页面设置"组中的相应命令按钮可以进行页面设置，也可以单击"页面设置"组右下角的对话框启动器，打开"页面设置"对话框进行页面设置，如图 2-10 所示。

图 2-10　"页面设置"对话框

"页边距"选项卡：用于设置上、下、左、右的页边距，装订线位置及纸张方向等。

"纸张"选项卡：可以设置纸张类型和方向，一般缺省值为 A4 纸。若要设置纸张为特殊规格，可以选择"自定义大小"选项，并通过高度和宽度自定义纸张的大小。

"版式"选项卡：可以设置页眉和页脚的位置和类型，如奇偶页不同、首页不同等。

"文档网格"选项卡：用于设置每页容纳的行数和每行容纳的字数、文字的排列方向等。

通常，页面设置作用于整个文档，如果对部分文档进行页面设置，应在"应用于"下拉列表中选择范围。

2) 插入分页符和分节符

(1) 分页符。用页面视图编辑文档，文档内容超过页面的大小后自动分页，也可以根据需要选择位置手工分页。单击"页面布局"选项卡中"页面设置"组中的"分隔符"按钮，选择"分页符"命令插入分页符。

(2) 分节符。节是 Word 文档的组成单位之一，用于改变文档的布局。可以将文档分成几节，然后根据需要设置每节的格式。不同的节用分节符分隔，单击"页面布局"选项卡中"页面设置"组中的"分隔符"按钮，选择"分节符"命令插入分节符。

3) 页眉页脚

在文档排版打印时，通常会在每页的顶部和底部加入一些说明性信息，称为页眉和页脚。这些信息可以是文字、图形、图片、日期或时间、页码等。

(1) 插入页眉、页脚。单击"插入"选项卡中"页眉页脚"组中的"页眉"或"页脚"按钮，选择内置格式，也可以选择"编辑页眉"或"编辑页脚"命令。进入页眉或页脚编辑区，此时正文呈浅灰色，表示正文不可编辑。窗口功能区会出现"页眉和页脚工具"选项卡，如图 2-11 所示。可以根据需要插入日期和时间、图片、剪贴画等，也可以设置页眉页脚的类型和位置。

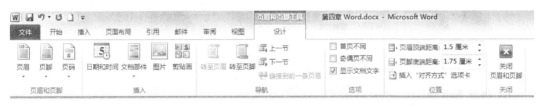

图 2-11　"页眉和页脚工具"选项卡

如果要删除页眉和页脚，先双击页眉、页脚，进入页眉、页脚编辑状态，选中要删除的内容，按 Delete 键。也可以单击"插入"选项卡中的"页眉页脚"组中的"页眉"按钮，选择"删除页眉"命令。

如果需要设置页眉页脚的文字或段落格式，可以先选中页眉页脚的文字或段落，单击"开始"选项卡中"字体"组或"段落"组中的相应命令按钮。

单击"页眉和页脚工具"选项卡中的"关闭页眉和页脚"按钮或双击正文部分，就可以退出页眉页脚的编辑状态回到正文的编辑状态。

(2) 插入页码。插入页码前需先设置页码格式，单击"插入"选项卡中的"页眉页脚"组中的"页码"按钮，选择"设置页码格式"命令，打开"页码格式"对话框，设置编号格式、起始页码等。然后单击"插入"选项卡中"页眉页脚"组中的"页码"按钮，选择"页面顶端"或"页面底端"命令插入页码。删除页码和页脚的方法同删除页眉的方法。

可以在整个文档中使用同一个页眉和页脚，也可以在文档不同的部分使用不同的页眉和页脚,例如首页不同和奇偶页不同,可以通过单击"页眉和页脚工具"选项卡中的"选项"组中的复选框实现。

4) 首字下沉

首字下沉是报刊中经常用到的排版方式，将某段落的第一个字放大数倍，以引导阅读。将光标定位于需要首字下沉的段落中，单击"插入"选项卡中"文本"组中的"首字下沉"按钮，在下拉菜单中选择"首字下沉选项"，打开如图 2-12 所示"首字下沉"对话框，然后按照需要选择"下沉"或"悬挂"，并设置字体、下沉行数及与正文的距离。

图 2-12　"首字下沉"对话框

5) 分栏

分栏排版在编辑报纸、杂志时经常用到，将一页纸的版面分为几栏，使得页面更生动并具有可读性。选中要分栏的段落，单击"页面布局"选项卡中的"页面设置"组中的"分栏"按钮，选择"更多分栏"命令，弹出"分栏"对话框，选择栏数、栏宽、栏间距等选项，单击"确定"按钮，如图 2-13 所示。

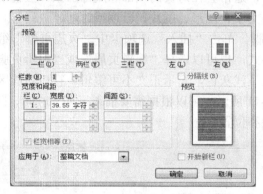

图 2-13　"分栏"对话框

6) 脚注和尾注

脚注和尾注都是一种注释方式，用于对文档解释、说明或提供参考资料。脚注通常出现在页面的底部，作为文档某处内容的说明；尾注一般位于文档的末尾，用于说明引用文献的来源。在同一个文档中可以同时包括脚注和尾注。

脚注和尾注由注释引用标记和与其对应的注释文本组成。Word 自动为标记编号，也可以创建自定义的标记。添加、删除或移动自动编号的注释时，Word 将对注释引用标记进行重新编号。在注释中可以使用任意长度的文本，并像处理任意其他文本一样设置注释文本格式。

在页面视图中，将光标定位在需要插入脚注或尾注的位置，单击"引用"选项卡中"脚注"组中的"插入脚注"按钮或"插入尾注"按钮，键入注释文本。如果需要对脚注或尾注的默认格式进行修改，则需单击"脚注"组右下角的对话框启动器，打开"脚注和尾注"对话框，如图 2-14 所示。

图 2-14　"脚注和尾注"对话框

7）页面背景

页面背景主要用于为 Word 文档添加背景，可以为背景应用纯色、渐变、图案、图片或纹理。单击"页面设置"选项卡中的"页面背景"组中的"页面颜色"按钮，选择任意颜色，也可以选择"填充效果"命令，打开"填充效果"对话框设置各种页面背景，如图 2-15 所示。单击"页面设置"选项卡中的"页面背景"组中的"水印"按钮，选择"自定义水印"命令，打开"水印"对话框，设置图片水印和文字水印效果。

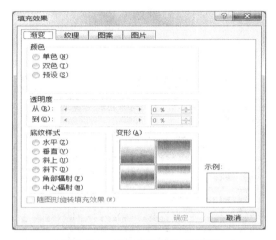

图 2-15　"填充效果"对话框

8）文字方向

通常情况下，文档都是从左至右水平横排的，但是有时需要特殊效果的文档，如古文、古诗的排版则需要竖排。单击"页面布局"选项卡中"页面设置"组中的"文字方向"按钮，可以设置页面中文字的方向。

9）稿纸格式

设置稿纸格式是日常非常实用的功能，选择"页面布局"选项卡中"稿纸"组中的"稿纸设置"按钮，设置稿纸格式。

4．其他格式

1）字数统计

字数统计功能可以统计当前 Word 文档字数，统计结果包括字数、字符数(不记空格)、字符数(记空格)三种类型。单击"审阅"选项卡中的"校对"组中的"字数统计"按钮，打开"字数统计"对话框，对话框中显示统计结果。

2）中文简繁转换

单击"审阅"选项卡中的"中文简繁转换"组中的按钮，可以实现简体和繁体字的转换。

3）批注

在修改 Word 文档时如果遇到一些不能确定是否要改的地方，可以通过插入 Word 批注的方法暂时做记号。审阅 Word 文档的过程中审阅者对作者提出的一些意见和建议时，也可以通过 Word 批注表达。在 Word 文档中选中需要添加批注的文字，单击"审阅"

选项卡中"批注"组中的"新建批注"按钮，输入批注内容。

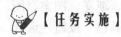【任务实施】

对"关公赋.docx"进行字符排版、段落排版以及页面排版，最终排版效果如图 2-16
所示。

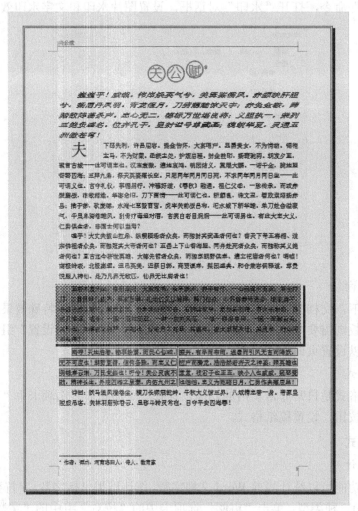

图 2-16　"关公赋"文档排版效果

1. 字符排版

(1) 将标题文字"关公赋"设置为：幼圆，二号，绿色，带圈字符——增大圈号；将
文字"赋"的字符位置提升 3 磅。

(2) 将正文第一段文字设置为：倾斜，字符缩放 150%；将该段中的文字"武圣"设
置"加粗"效果。

2. 段落排版

(1) 将标题段落设置为居中对齐。

(2) 将正文段落设置为：首行缩进 2 字符，行间距 17 磅。

(3) 为正文第四段段落添加边框：带阴影双实线，黄色，0.5 磅线宽；添加底纹：图案样式为 30%，颜色为浅绿色。

(4) 为正文第五段文字添加边框：单实线，蓝色，0.25 磅线宽；添加底纹：填充为橙色。

3. 页面排版

(1) 将正文第二段设置为：首字下沉两行，幼圆，距正文 1 厘米。

(2) 将正文第五段分为两栏，栏宽相等，栏间加分隔线。

(3) 为文档设置页眉"关公赋"，左对齐；在页面底端插入页码，右对齐；页眉页脚距边界 1.8 厘米。

(4) 将文档的页面颜色设置为：蓝色，个性色 1，淡色 80%。

(5) 为标题文字"关公赋"插入脚注，自定义标记为"*"，内容为"作者：谭杰，河南洛阳人，诗人、教育家"。

(6) 为页面设置边框，格式为：阴影，蓝色，双实线，1.5 磅。

实施思路

设置字符格式(字符的字体、字号、字形、颜色和字符间距等)→设置段落式(对齐方式、段落缩进、行间距和段间距、项目符号和编号、边框和底纹等)→设置页面格式(包括页眉页脚、首字下沉、分栏、脚注、页面颜色、页面边框等)。

任务2 表格和图文混排

【任务目标】

知识目标

(1) 了解表格、图片、图表、文本框、形状等图形在文档中的重要性；

(2) 了解图文混排的意义；

(3) 掌握在 Word 中运用表格、图片、艺术字、文本框进行综合处理问题的方法。

技能目标

(1) 通过学生的观察、分析、创作，培养学生对色彩搭配、版面布局的简单设计的能力；

(2) 培养学生鉴赏和分析的能力；

(3) 培养学生创新意识、创新能力以及合作学习的能力。

素质目标

通过图文混排和表格制作实践过程，形成创新意识，建立计算机信息素养和积极的创新情感，积淀中华优秀传统文化底蕴，升华服务社会的责任感和使命感。

【任务描述】

Word 支持图形处理，具有强大的图文混排和表格处理功能。用户可根据需要在文档中插入图片、图形和表格来丰富文档内容。

本任务一是在文档中创建、编辑和美化表格；二是运用图文混排功能为文档制作美观大方的封面。

【相关知识】

一、表格

表格具有分类清晰、方便易用等优点，在 Word 文档中常常会制作、编辑各种类型的表格。Word 2016 提供的表格处理功能可以方便地处理各种表格，适用于一般文档中包含的简单表格。

1. 插入表格

表格由若干行和若干列组成，行列的交叉称为单元格。单元格内可以输入字符、图形，也可以插入另一个表格。

1) 快速创建表格

单击"插入"选项卡的"表格"组中的"表格"按钮，选中"快速表格"命令，选择内置表格。

2) 插入规则表格

单击"插入"选项卡的"表格"组中的"表格"按钮，选中"插入表格"命令，打开"插入表格"对话框，如图 2-17 所示，选择表格尺寸和类型，单击"确定"按钮。

图 2-17　"插入表格"对话框

3) 插入不规则表格

单击"插入"选项卡的"表格"组中的"表格"按钮，选中"绘制表格"命令，可以绘制任意不规则表格。表格绘制完成后，单击"设计"选项卡的"绘图边框"组中的"绘制表格"按钮，取消绘制状态。

2．编辑表格

1）选中

(1) 选中单元格。单元格内的最左侧为单元格的选择区(鼠标为右上黑箭头)。单击单元格的选择区，选中该单元格，双击单元格的选择区则选中整行。

(2) 选中行、列。表格的左外侧为行的选择区，单击行选择区，选中该行。在行选择区上下拖曳鼠标，选中多行或整个表格。

表格的上方为列选择区，光标移到选择区变成向下的黑箭头，单击列选择区，选中该列。在列选择区平行拖曳鼠标，选中多列或整个表格。

(3) 选中表格。单击表格左上角的符号，可以选中整个表格。

2）调整行高和列宽

(1) 调整行高和列宽。把鼠标指针移动到单元格的边框上，光标变成↕或↔时，拖曳鼠标改变边框的位置，边框位置改变了，表格的高度或宽度也随之改变。

(2) 自动调整表格尺寸。选中表格后，单击"布局"选项卡的"单元格大小"组中的"自动调整"按钮，选择"根据内容调整表格""根据窗口调整表格"或"固定列宽"等命令，如图 2-18 所示。

图 2-18　自动调整表格尺寸

(3) 精确调整表格尺寸。单击"布局"选项卡的"表"组中的"属性"按钮，打开"表格属性"对话框，修改行高或列宽，如图 2-19 所示。也可以在"布局"选项卡中的"单元格大小"组中设置行高和列宽。

图 2-19　"表格属性"对话框

3) 插入或删除行、列

插入行和列可以通过单击"布局"选项卡的"行和列"组中的相应命令按钮，插入行和列。如果想插入多行或多列，先选择多行或多列，再插入行和列。

单击"布局"选项卡的"行和列"组中的"删除"按钮，可以删除单元格、行、列和整个表格。

4) 编辑单元格内容

单击某个单元格，输入内容。如果要删除单元格内容，可以选中要清除内容的单元格，按 Delete 键。

5) 拆分和合并表格、单元格

(1) 拆分和合并单元格。拆分单元格是将选中的单元格拆分成多个单元格。首先选中要拆分的单元格，然后单击"布局"选项卡的"合并"组中的"拆分单元格"按钮，打开"拆分单元格"对话框进行设置。

合并单元格是将选中的多个单元格合并成一个单元格。首先选中要合并的多个单元格，然后单击"布局"选项卡的"合并"组中的"合并单元格"按钮。

(2) 拆分和合并表格。可以将一个表格拆分为多个表格，光标先定位在拆分位置，然后单击"布局"选项卡的"合并"组中的"拆分表格"按钮。也可以将两个表格合并为一个表格，只需删除两个表格之间的空行即可。

6) 表格和文本的相互转换

(1) 文本转换成表格。按规律分隔的文本可以转换成表格，文本的分隔符可以是逗号、制表符、段落标记或其他字符。选定要转换成表格的文本，单击"插入"选项卡的"表格"组中的"表格"按钮，选中"文本转换成表格"命令。

(2) 表格转换成文本。将表格转换成文本，可以指定逗号、制表符、段落标记或其他字符作为转换时分隔文本的字符。选定要转换成文本的表格，单击"布局"选项卡的"数据"组中的"转换为文本"按钮，打开"表格转换为文本"对话框，如图 2-20 所示。选择"文字分隔符"下所需的字符，作为替代列边框的分隔符。

图 2-20　"表格转换成文本"对话框

3. 美化表格

1) 表格内文字和表格的对齐方式

(1) 表格内文字的对齐方式。首先选中要设置格式的单元格，然后单击"布局"选项卡的"对齐方式"组中的相应命令按钮，选择所需的对齐方式，如图 2-21 所示。

图 2-21　表格内文字的对齐方式

（2）表格的对齐方式。首先选中要设置格式的表格，然后单击"布局"选项卡的"表"组中的"属性"按钮，打开"表格属性"对话框，选择对齐方式，如图 2-22 所示。

图 2-22　表格的对齐方式

2）表格自动套用格式

Word 为用户提供了多种预定义格式，有表格的边框、底纹、字体、颜色等，使用它们可以快速格式化表格。用户可以通过单击"设计"选项卡的"表格样式"组中的各种样式进行设置。

3）边框和底纹

单击"设计"选项卡的"表格样式"组中的"边框"和"底纹"按钮可以设置表格的边框和底纹。

4）标题行重复

如果在后续各页上需要重复表格标题，则先选定要作为表格标题的一行或多行(选定内容必须包括表格的第一行)，再单击"布局"选项卡的"数据"组中的"重复标题行"按钮。

5) 设置表格与文字的环绕

表格和文字的排版有"环绕"和"无"两种方式，可以单击"布局"选项卡的"表"组中的"属性"按钮，打开"表格属性"对话框，选择文字环绕方式。

4. 表格的计算和排序

1) 表格的计算

在表格中可以完成一些简单的计算，如求和、求平均值、统计等，可以通过 Word 提供的函数快速实现。这些函数包括求和(Sum)、平均值(Average)、最大值(Max)、最小值(Min)、条件统计(If)等。表格在计算过程中经常要用到单元格地址，可以用字母后面跟数字的方式表示单元格地址，其中字母表示单元格所在列号，依次用字母 A，B，C……表示，数字表示行号，依次用数字 1，2，3……表示，如 B3 表示第 2 列第 3 行的单元格。表 2-1 列出了作为函数自变量的单元格表示方法。

表 2-1　单元格表示方法

函数自变量	含　义
LEFT	左边单元格
ABOVE	上边单元格
单元格 1：单元格 2	从单元格 1 到单元格 2 矩形区域内的所有单元格。例如，A1：B2 表示 A1、B1、A2、B2 四个单元格中的数据参与函数所规定的计算
单元格 1，单元格 2……	计算所列单元格 1、单元格 2……的数据

在表格的单元格中可以插入公式，并计算出结果。插入公式的步骤如下：

(1) 单击要放置计算结果的单元格。

(2) 单击"布局"选项卡的"数据"组中的"公式"按钮，打开公式对话框，如图 2-23 所示。

(3) 选择"粘贴函数"下所需的公式。如，单击 SUM 用以求和。在公式的括号中键入单元格地址，可引用单元格的内容。例如，单元格 A1 和 B4 中的数值相加时，应输入公式"=SUM(A1, B4)"。

图 2-23　"公式"对话框

Word 是将计算结果作为一个域插入选定单元格的。如果所引用的单元格有所改变，先选定该域，再按下 F9 键，即可更改计算结果。

2) 表格的排序

除计算外，Word 还可对表格数据按数值、笔画、拼音、日期等方式以升序或降序排列。排序是将表格中的数据按照排序依据的字段，升序或降序重新进行排列，每行(一条记录)数据保持不变。

对列表或表格进行排序的方法是：选定要排序的列表或表格，单击"布局"选项卡的"数据"组中的"排序"按钮，打开"排序"对话框，如图 2-24 所示。表格排序的关键字最多有 3 个：主要关键字、次要关键字和第三关键字。如果按主要关键字排序时遇到相同的数据，则可以根据次要关键字排序。选择所需排序选项后，单击"确定"按钮。

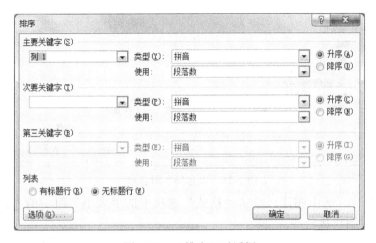

图 2-24　"排序"对话框

二、图文混排

在 Word 中，可以使用两种基本类型的图形来增强文档的效果—— 图片和图形对象。图片包括剪贴画(扩展名为 .wmf)、联机图片、其他图形文件(如扩展名为 .tif、.jpg、.gif、.bmp 等)、屏幕截图等。图形对象包括利用"形状"工具栏绘制的图形、文本框、艺术字等。

1. 插入图片

1) 插入图片文件

在文档中插入图片，光标先置于要插入图片的位置，然后单击"插入"选项卡的"插图"组中的"图片"按钮，打开"插入图片"对话框，选择要插入的图片。

2) 插入剪贴画

在文档中插入剪贴画，光标先置于要插入剪贴画的位置，然后单击"插入"选项卡的"插图"组中的"剪贴画"按钮，在窗口右侧打开"剪贴画"任务窗格，搜索和选择要插入的剪贴画。

3) 编辑图片

(1) 缩放图片。单击要缩放的图片，将图片选中，图片上显示尺寸控制点。拖曳尺寸控制点，可以放大或缩小图片。如果需要准确缩放图片，可以在"格式"选项卡的"大小"组中设置图片的高度和宽度，也可以单击"格式"选项卡中的"大小"组右下角的箭头，打开"布局"对话框，如图 2-25 所示，设置高度和宽度。如果纵横比发生变化，需要取消锁定纵横比。

图 2-25　"布局"对话框

(2) 裁剪图片。选中图片，单击"格式"选项卡的"大小"组中的"裁剪"按钮，可以根据需要将图片裁剪。

(3) 图片的环绕方式。文档插入图片后，常常会把周围的正文挤开，形成文字对图片的环绕。文字对图片的环绕方式主要分为两类：一类是将图片视为文字对象，与文档中的文字一样占有实际位置，如嵌入型。另一类是将图片视为区别于文字的外部对象处理，如四周型、紧密型、衬于文字下方、浮于文字上方、上下型和穿越型。选中图片，单击"格式"选项卡的"排列"组中的"自动换行"按钮，选择需要的环绕方式。

(4) 图片的对齐和叠放次序。如果想要文档中的多个图片位置对齐，首先将多个图片选中，单击"格式"选项卡的"排列"组中的"对齐"按钮进行设置。如果多个图片有重叠，可以单击"格式"选项卡的"排列"组中的"上移一层"和"下移一层"按钮改变图片的叠放次序。

2. 插入图形对象

1) 插入艺术字

艺术字以普通文字为基础，通过添加阴影，改变文字的大小和颜色等，把文字变成各种预定义的形状来突出和美化文字。

单击"插入"选项卡的"文本"组中的"艺术字"按钮，添加艺术字。生成艺术字后，会出现"格式"选项卡，可以改变艺术字的形状样式、艺术字样式、大小和排列方式等。

2) 插入文本框

文本框指一种可移动、可调大小的文字或图形容器。使用文本框可以在一页上放置数个文字块，可使文字与文档中其他文字不同的方向排列。单击"插入"选项卡的"文本"组中的"文本框"按钮，可以插入内置文本框，也可以选择绘制文本框。绘制的文本框包含横排和竖排两种。生成文本框后，单击框内部可以输入文字，左键拖动外框可以移动文本框。选中文本框，通过"格式"选项卡，可以改变文本框的形状样式、艺术字样式、大小和排列方式等。

3）插入图形

单击"插入"选项卡的"插图"组中的"形状"按钮，可以绘制各种线条和形状。在自选图形中添加文字，如果是首次添加，右击图形，单击快捷菜单中的"添加文字"命令；如果是在已有文字中增加文字，在图形中单击，然后键入文字。

4）插入 SmartArt

SmartArt 图形是信息和观点的视觉表示形式。用户可以从多种不同的布局中选择创建 SmartArt 图形，从而快速、轻松、有效地传达信息。单击"插入"选项卡的"插图"组中的"SmartArt"按钮，打开"选择 SmartArt 图形"对话框，插入 SmartArt 图形，如图 2-26 所示。插入 SmartArt 图形后，会出现"设计"和"格式"选项卡，"设计"选项卡可以对图形的布局、样式等进行设置，"格式"选项卡可以改变图形的形状样式、艺术字样式等。

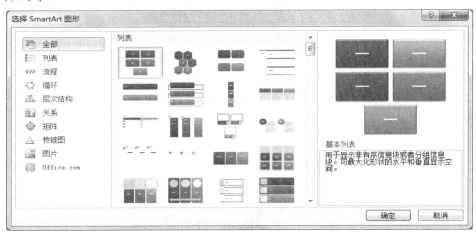

图 2-26　"选择 SmartArt 图形"对话框

【任务实施】

1．表格

基于文档"关公生平.docx"，制作关公的简历表格。最终效果如图 2-27 所示。

(1) 将标题文字"关公其人"设置为：黑体，小一号，加粗；将表格内其他文字设置为：宋体，小三号。

(2) 将表格内所有文字的对齐方式设置为：水平居中。

实施思路

插入表格→合并或拆分单元格→输入单元格文字→设置单元格文字格式。

关公其人			
姓名	关羽	字	云长
性别	男	民族	汉族
生卒年	公元 160 年∽公元 219 年		
籍贯	山西省运城市盐湖区解州镇常平村		
最终封号	忠义神武灵佑仁勇显威护国保民精诚绥靖翊赞宣德关圣大帝		
家世	姓名		成员关系
	关审		关羽祖父
	关毅		关羽父
	胡玥		关羽妻
	关平		关羽子
	关兴		关羽子
	关统		关羽孙
	关彝		关羽孙
阅历	公元 160 年∽公元 189 年：青少年时代		
	公元 190 年∽公元 200 年：早期征战		
	公元 201 年∽公元 210 年：助刘创业		
	公元 211 年∽公元 219 年：镇守荆州		

图 2-27　关公简历表效果图

2. 封面

为"武圣关公.docx"制作简洁大方、美观适当的封面。最终效果如图 2-28 所示。

图 2-28　封面效果图

(1) 将文档的页面颜色设置为"羊皮纸"纹理填充效果。

(2) 插入艺术字。样式为"填充-橙色，主题色 2"；边框为"橙色，主题色 2"；文字内容为"武圣关公"；文字字体为"黑体"；文字"武"字号为 120，文字"圣关公"字号为 80；文本轮廓为"红色"；文本效果为"三维旋转，平行，离轴 1 右"。

(3) 插入圆角矩形。快速样式为"强烈效果-橙色，强调颜色 2"；形状轮廓为"黑色"；为矩形添加文字"勇武忠义写春秋"；文字格式为"黑体，小一，白色"。

(4) 插入 Word 素材文件夹中的"祥云.png"图片文件，设置为"四周形环绕"。插入 Word 素材文件夹中的图片文件"关羽.png"，设置为"四周形环绕"。

(5) 插入文本框。输入文字"英雄归来"，文本框形状样式为："无填充颜色，无轮廓"；文字格式为"华文行楷，一号，加粗，深红色"，设置为"四周形环绕"。

实施思路

设置页面颜色→插入艺术字(设置样式、文字内容、文字字体、文本轮廓、文本效果、位置等)→插入圆角矩形(设置快速样式、形状轮廓、文字和文字格式)→插入图片(设置环绕方式、位置和大小等)→插入文本框(设置文本框形状样式、轮廓；输入文字、设置文字格式、设置为环绕方式等)。

任务 3　长文档编排

 【任务目标】

知识目标

(1) 了解长文档的意义；

(2) 了解样式、节、页眉页脚、目录等在长文档编排中的意义。

技能目标

(1) 掌握样式、节、页眉页脚、目录的应用方法；

(2) 掌握邮件合并的操作。

素质目标

通过长文档编排实践过程，形成创新意识，建立计算机信息素养和积极的创新情感，积淀中华优秀传统文化底蕴，升华服务社会的责任感和使命感。

 【任务描述】

为了提高排版效率，Word 提供了一些高效的排版功能，包括样式、目录、邮件合并、题注和交叉引用等。

本任务是对长文档进行编排，包括使用样式、设置奇偶页不同的页眉页脚、创建和更新目录等。

【相关知识】

一、样式

样式是一组已命名的字符和段落格式的组合。例如，一篇文档有各级标题、正文、页眉和页脚等，它们分别有各自统一的字符格式和段落格式，这些格式可以定义为不同的样式。应用样式可以轻松、快捷地编排具有统一格式的段落，使文档格式保持一致。而且样式便于修改，如果文档中的多个段落使用了统一格式，只要修改样式就可以修改文档中带有此样式的所有段落。

1. 使用已有样式

选中需要设置样式的段落，在"开始"选项卡的"样式"组中的快速样式库中选择已有的样式。也可以单击"开始"选项卡的"样式"组右下角的对话框启动器，打开"样式"任务窗格，在列表框中选择已有的样式，如图 2-29 所示。

2. 新建样式

用户可以根据需要新建样式，单击"样式"任务窗格左下角的"新建"样式按钮，打开"根据格式设置创建新样式"对话框，如图 2-30 所示，然后输入样式名称，选择样式类型、样式基准来设置样式格式。样式新建后，就可以像已有样式一样直接使用了。

图 2-29 "样式"任务窗格　　　图 2-30 "根据格式设置创建新样式"对话框

3. 修改和删除样式

如果对已有样式不满意，可以进行更改和删除。更改样式后，所有应用了该样式的文本都会随之改变。在"样式"任务窗格中，右击需要修改的样式名，在打开的快捷菜单中选择"修改"命令，在打开的"修改样式"对话框中设置所需的格式。如果需要删除样式，可在"样式"任务窗格中，右击需要修改的样式名，在打开的快捷菜单中选择删除命令。

二、目录

在书籍、论文中，目录是必不可少的重要内容。Word 2016 提供了自动创建目录功能来创建书籍或论文目录。首先在文档中正确地应用标题样式，将各级标题用样式中的"标题"统一格式化，然后再创建目录。一般，目录分为三级，使用相应的三级"标题 1""标题 2""标题 3"样式来格式化，也可以使用其他几级标题样式或者自己创建的标题样式。

1. 创建目录

将光标定位到要插入目录的位置，单击"引用"选项卡的"目录"组中的"目录"按钮，选择内置自动目录。也可以单击"插入目录"命令，打开"目录"对话框，单击"目录"选项卡，如图 2-31 所示，设置目录格式。

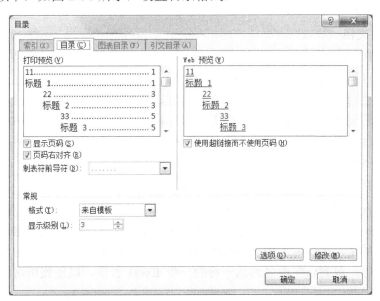

图 2-31　"目录"对话框

2. 更新目录

如果书籍或论文的内容在编制目录后发生了变化，Word 2016 可以方便地对目录进行更新。单击目录后，单击"引用"选项卡中的"目录"组中的"更新目录"按钮；或在目录上右击鼠标,在弹出的快捷菜单中选择"更新域"命令,都可以打开"更新目录"对话框，如图 2-32 所示。可以只更新页码，也可以选择"更新整个目录"选项，单击"确定"按钮完成对目录的更新。

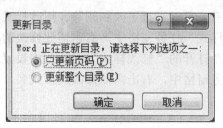

图 2-32　"更新目录"对话框

三、邮件合并

　　邮件合并是指在邮件文档(主文档)的固定内容中，合并与发送信息相关的一组通信资料，从而批量生成需要的邮件文档，该功能大大提高了工作效率。

　　邮件合并功能除了可以批量处理信函、信封等与邮件相关的文档外，还可以轻松地批量制作标签、工资条、成绩单等。

　　如果需要制作的文档数量比较大且文档内容可分为固定不变的部分和变化的部分，变化的内容来自数据表中含有标题行的数据记录表，例如打印信封，寄信人信息是固定不变的，而收信人信息是变化的部分，则可以利用邮件合并来完成此类批量作业。

　　邮件合并的基本过程包括以下三个步骤：

1. 建立主文档

　　主文档是指文档内容中固定不变的部分，如信函中的通用部分、信封上的落款等。建立主文档的过程就和新建一个 Word 文档一样，在进行邮件合并之前它只是一个普通的文档。唯一不同的是，如果正在为邮件合并创建一个主文档，需要考虑在合适的位置留下填充数据的空间。另外，写主文档的时候也需要考虑是否对数据源的信息进行必要的修改，以符合书信写作的习惯。

2. 准备数据源

　　数据源就是数据记录表，其中包含与主文档相关的字段和记录内容。一般情况下，考虑使用邮件合并来提高效率正是因为已经有了相关的数据源，如 Excel 表格、Outlook 联系人或 Access 数据库。如果没有已提供的数据源，也可以新建一个数据源。

　　需要注意的是，在实际工作中 Excel 表格会有一行标题，当将其作为数据源时，应该先将标题删除，得到以字段名为第一行的一张 Excel 表格，以便使用这些字段名来引用数据表中的记录。

3. 将数据源合并到主文档中

　　利用邮件合并工具，可以将数据源合并到主文档中，得到目标文档。合并完成文档的份数取决于数据表中记录的条数。下面以批量制作邀请函为例了解具体的操作步骤。

　　如"山西运城第 31 届关公文化旅游节"前夕，需向社会各界人士发出多份邀请函，运用邮件合并功能制作内容相同、收件人不同的多份邀请函，部分效果如图 2-33 所示。

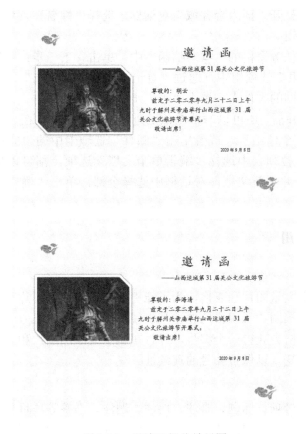

图 2-33　邀请函部分效果图

制作要求和步骤如下：

(1) 在已完成邀请函主文档"邀请函.docx"和数据源"嘉宾明细.xlsx"的制作后，打开"邀请函.docx"。

(2) 单击"邮件"选项卡的"开始邮件合并"组中的"开始邮件合并"按钮，在展开的下拉列表中选择"邮件合并分步向导"，启动"邮件合并"任务窗格。

(3) 在"邮件合并"任务窗格的"选择文档类型"中选择"信函"，单击"下一步：开始文档"。

(4) 在"邮件合并"任务窗格的"选择开始文档"中选择"使用当前文档"，单击"下一步：选择收件人"。

(5) 在"邮件合并"任务窗格的"选择收件人"中，选择"使用现有列表"，单击"浏览"。在启动的"选取数据源"对话框中，选择"嘉宾明细.xlsx"文档，单击"打开"按钮。在"确认数据源"对话框中，单击"确定"按钮。在弹出的"选择表格"对话框中选择工作表 Sheet1，单击"确定"按钮。

启动"邮件合并收件人"对话框，保持默认设置(勾选所有收件人)，单击"确定"按钮。

在"邮件合并"任务窗格中，单击"下一步：撰写信函"。

(6) 光标定位于"尊敬的"文字之后，在"邮件合并"任务窗格的"撰写信函"中选择"其他项目"，打开"插入合并域"对话框，选择"姓名"，单击"插入"按钮，然后单击"关闭"按钮。

在"邮件合并"任务窗格的"撰写信函"中，单击"下一步：预览信函"。

(7) 在"预览结果"选项组中，通过"首记录""上一记录""下一记录""尾记录"按钮可以切换不同的收件人。单击"下一步：完成合并"。

(8) 完成邮件合并后，还可以对单个信函进行编辑和保存。在"邮件合并"任务窗格中，单击"编辑单个信函"，或者单击"邮件"选项卡中的"完成"组中的"完成并合并"按钮，在下拉列表中选择"编辑单个文档"选项，都可以启动"合并到新文档"对话框。在"合并到新文档"对话框中选择全部，单击"确定"按钮，生成一个新的文档。

四、题注和交叉引用

1. 题注

如果文档中含有大量图片和表格，为了能更好地管理这些图片和表格，可以为图片和表格添加题注。一幅图片或表格的题注是出现在图片下方或上方的一段简短描述。添加了题注的图片或表格会获得一个编号，并且在删除或添加图片和表格时，所有的图片和表格编号会自动改变，以保持编号的连续性。

2. 交叉引用

交叉引用是指编号项、标题、脚注、尾注、题注、书签等项目与其相关正文或说明内容建立的对应关系，既方便阅读，又为编辑操作提供了自动更新的手段。这里以题注的交叉引用为例介绍。

创建交叉引用前要插入题注，然后将题注与交叉引用连接起来。如在"武圣关公.docx"中为图片插入题注，在正文中插入题注的交叉引用，如图 2-34 所示。

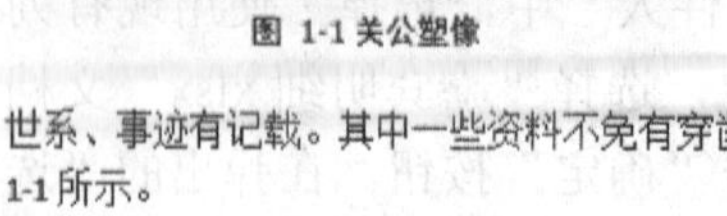

关羽，字云长，本字长生，出生于今山西省运城市盐湖区解州镇常平村，关公是民间对他的尊称。历代正史对关公的家世记载甚少，《三国志·关羽传》中仅有关羽子关兴与孙关统、关彝的寥寥数语资料。元明清之际，重逢关公之风兴盛，专门记载关公的各类书籍和志传也大量出现，并广泛流传。元代胡琦《关王事迹》《汉寿亭侯志》明代戴光启、邵潜《关帝年谱》，赵钦汤《汉前将军关公祠志》孙际可《关天帝纪》清代张鹏翮《关夫子志》卢湛《关圣帝君全迹图志》等都对关公的家族、世系、事迹有记载。其中一些资料不免有穿凿附会之嫌，但在民间影响颇大。关公塑像如图1-1所示。

图 1-1 关公塑像

图 2-34　插入题注的交叉引用

制作要求和步骤如下：

1) 为图片插入题注

(1) 删除"武圣关公.docx"中各级标题的编号，如 1、2、1.1、1.2 等。

(2) 如果希望题注的编号与章节编号统一，首先要为各级标题设置样式，然后在多级列表的"定义新的多级列表"中将级别链接到样式，再插入题注。

　　光标置于正文第 1 页标题"关公述略"文字之前，单击"开始"选项卡中的"段落"组中的"多级列表"按钮，选择"定义新的多级列表"，打开"定义新多级列表"对话框，如图 2-35 所示。

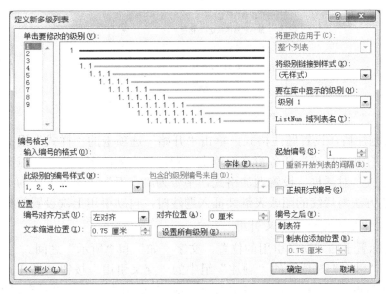

图 2-35　"定义新多级列表"对话框

　　在"单击要修改的级别："中选择 1，然后在"将级别链接到样式："中选择"标题 1"，在"单击要修改的级别："中选择 2，然后在"将级别链接到样式："中选择"标题 2"，按照同样的方法继续将级别链接到样式。

　　(3) 光标定位于图的题注文字前，单击"引用"选项卡的"题注"组中的"插入题注"按钮，打开"题注"对话框，如图 2-36 所示。也可以右键单击需要添加题注的图片或表格，在打开的快捷菜单中选择"插入题注"命令。

　　(4) 在"题注"对话框中的"标签"中选择"图"。如果没有"图"的标签，单击"新建标签"按钮，打开"新建标签"对话框，如图 2-37 所示，输入"图"，单击"确定"按钮后，新建的"图"标签就添加到标签列表中，然后在"题注"对话框中的"标签"列表中选择"图"的标签。

<table>
<tr><td>图 2-36　"题注"对话框</td><td>图 2-37　"新建标签"对话框</td></tr>
</table>

　　(5) 在"题注"对话框中的"标签"列表中选择"编号"按钮，打开"题注编号"

对话框，如图 2-38 所示。选择编号格式为"1，2，3…"，章节起始样式为"标题1"，分隔符为"连字符"。选中"包含章节号"复选框，则编号中会出现章节号。

图 2-38　"题注编号"对话框

(6) 插入题注后，设置题注格式。单击"开始"选项卡的"样式"组中右下角的对话框启动器，打开"样式"任务窗格。单击"题注"右侧的下拉箭头，点击"修改"，打开"修改样式"对话框，设置题注格式，字号为"小五"，对齐方式为"居中"。

按照上述方法为后续的图或表继续插入题注时，自动引用上次设置的格式。

2) 在正文中插入题注的交叉引用

(1) 将光标置于插入交叉引用的位置，文字"如"和"所示"之间。

(2) 单击"引用"选项卡的"题注"组中的"交叉引用"按钮，打开"交叉引用"对话框，如图 2-39 所示。在引用类型中选择"图"，引用内容选择"只有标签和编号"，在引用哪一个题注中选择一个交叉引用对应的题注，单击"插入"按钮。

按照以上方法插入所有题注的交叉引用。当题注的交叉引用发生变化后，不会自动调整，需要用户自己设置"更新域"。鼠标指向该"域"右击，在快捷菜单中选择"更新域"命令，即可更新域中的自动编号。若有多处，可以全选(Ctrl + A)后再更新。更新域也可以使用快捷键 F9。

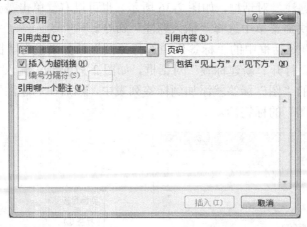

图 2-39　"交叉引用"对话框

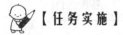【任务实施】

对"武圣关公.docx"进行长文档编辑。部分效果如图 2-40 所示。

武圣关公

第 1 章关公述略

1.1 关公生平

1.1.1 家世

关羽，字云长，本字长生，出生于今山西省运城市盐湖区解州镇常平村，关公是民间对他的尊称。历代正史对关公的家世记载甚少，《三国志·关羽传》中仅有关羽子关兴与孙关统、关彝的罗罗数语资料。元明清之际，重逢关公之风兴盛，专门记载关公的各类书籍和志传也大量出现，并广泛流传。元代胡琦《关王事迹》《汉寿亭侯志》明代戴光启、邵潜《关帝年谱》赵钦汤《汉前将军关公祠志》孙际可《关天帝纪》清代张鹏翮《关夫子志》卢湛《关圣帝君圣迹图志》等都对关公的家族、世系、事迹有记载。其中一些资料不免有穿凿附会之嫌，但在民间影响颇大。关公塑像如图 1-1 所示。

图 1-1 关公塑像

据这些志、纪记述，关公祖父关审，字问之，号石磐，父关毅，子道远。今解州关帝庙索圣祠即为祭祀关公曾祖、祖父、父亲的祠宇。1727 年（清雍正五年），进封关公上三代为

图 2-40　"武圣关公"长文档编辑部分效果图

(1) 将文档中以第 1 章、第 2 章……附件 1、附件 2……开头的段落设置为"标题 1"样式，字号为二号；以 1.1、1.2……开头的段落设置为"标题 2" 样式，字号为三号。以 1.1.1、1.1.2……开头的段落设置为"标题 3"样式，字号为三号。

(2) 依次将文档中封面、空白页、各章分别独立设置为 Word 文档的一节，每章从新的一页开始。

(3) 设置正文每章的页脚：页码为"起始页码为 1"，奇数页码左对齐，偶数页码右对齐。设置正文每章的奇数页页眉为："武圣关公"，居中对齐。设置正文每章的偶数页页眉为：每章的章名，如"关公述略""关公文化的形成"等，居中对齐。

(4) 在目录页生成并编辑目录。

实施思路

设置各级标题样式→分节→设置正文每章的页眉页脚→在目录页生成目录。

综合实验项目

【任务描述】

　　尝试撰写以区域文化为主题，文字通顺，语言流畅，8000 字左右的长文档。长文档主要由标题、摘要、关键词、目录、前言、正文、参考文献和附录、附图等几部分组成。

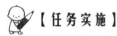【任务实施】

　　(1) 纸张规格为 A4 纸。页边距为上下各为 35 mm；左右各为 32 mm。
　　(2) 论文的正文层次格式。
　　第 1 章　xxxx(三号黑体加粗，段前 24 磅，段后 18 磅，单倍行距，序号与题名间空 1 个汉字字符，居中)
　　1.1 xxxx(四号宋体加黑，段前 24 磅，段后 6 磅，左对齐，不接排)
　　1.1.1 xxxx(小四号黑体，段前 12 磅，段后 6 磅，左对齐，不接排)
　　a. xxxx(小四号黑体)xxx(空 1 个汉字字符，接排，小四号宋体)
　　(1) xxxx(小四号黑体)xxx(空 1 个汉字字符，接排，小四号宋体)
　　1) xxxx(小四号黑体)xxx(空 1 个汉字字符，接排，小四号宋体)
　　(3) 正文文字内容均用小四号宋体。行间距采用单倍行距。
　　(4) 图表要求：
　　① 图、表内容使用 5 号宋体。
　　② 图序一律采用阿拉伯数字分章编写，例如，第 2 章第 3 个图的图序为"图 2.3"。图题应简明，图序与图题间空 1 个汉字字符，居中排于图的下方。
　　③ 表序一律采用阿拉伯数字分章编写，例如，第 2 章第 3 个表的表序为"表 2.3"。表序与表题间空 1 个汉字字符，居中排于表的上方。

项目三　电子表格处理软件 Excel 2016

Microsoft Excel 2016 是 Microsoft 公司开发的 Office 2016 办公软件组件之一，具有直观、操作简单、数据即时更新、数据分析函数丰富等特点。Excel 2016 主要用于数据处理和报表制作，在与数据报表有关的人事、财务、税务、统计、计划分析等许多领域应用广泛。

本项目学习电子表格处理软件 Excel 2016 的基础知识和基本操作，包括 Excel 工作簿和工作表的基本操作，格式化，公式与函数，图表、数据管理与分析等。通过本项目的学习，可以创建数据表、进行相关计算、对数据进行管理分析并应用图表等方式形象显示。

任务 1　创建工作簿

 【任务目标】

知识目标

(1) 熟悉电子表格处理软件 Excel 2016 的工作界面；

(2) 认识工作簿、工作表、行、列和单元格等对象。

技能目标

掌握工作簿和工作表的基本操作、数据输入和格式化操作。

素质目标

通过工作簿、工作表的制作实践过程，培养学生解决问题的能力，提升学生团结协作的能力和沟通能力，形成创新能力和创新意识，建立计算机信息素养和积极的创新情感，积淀中华优秀传统文化底蕴，升华服务社会的责任感和使命感。

 【任务描述】

在实际应用中，人们经常需要对批量数据进行处理，选用 Excel 2016 处理数据，首先要创建工作簿文件，将相关数据组织到工作表中，并对其进行相应的格式化。应用 Excel 2016 提供的文件管理功能、编辑处理功能和格式化功能可以完成本部分任务。

本任务是创建工作簿和工作表，输入数据，对工作表中的表格和数据进行格式化。

【相关知识】

一、Excel 2016 概述

Excel 2016 具有强大的数据组织、计算、分析和统计功能，可以通过图表和图形等多种形式对处理结果形象地显示，能够更方便地与 Office 2016 的其他组件相互调用数据，实现资源共享。

1. Excel 的功能

1) 编辑表格

Excel 2016 具有很强的表格制作和表格编辑功能，可以方便地建立各种电子表格，输入各种类型的数据。此外，Excel 还具有强大的自动填充功能。

2) 数据计算

Excel 2016 提供了各类函数，利用这些函数可以完成各种复杂的数据计算。

3) 图表显示

用 Excel 2016 可以将表格中数据之间的关系表现成柱形图、直方图、饼图等，用户可以根据要求将数据和图表放置在一张表格上，更直观地反映数据内容。

4) 数据管理与分析

Excel 2016 的每一张工作表由 1 048 576 行和 16 384 列组成，如此大的工作表可以满足大多数数据处理业务。将数据输入到工作表以后，可以对数据进行排序、筛选、分类汇总、制作数据透视表等统计分析操作。

5) 打印输出

利用系统提供的丰富的格式化命令，如设定页面格式、字体格式、边框格式、背景格式等，用户可以根据格式化命令进行格式设置，还可按照设置的格式打印输出。

2. Excel 2016 的新增功能

(1) 在 Windows10 中安装的 Excel 2016 主题色彩新增了彩色和中灰色。

(2) 在功能区上有一个显示着"告诉我您想要做什么"的文本框，它就是"Tell Me"搜索栏，方便用户使用。

(3) Excel 2016 文件菜单中对"另存为"界面进行了改良。

(4) Excel 2016 将共享功能和 OneDrive 进行了整合，对文件共享进行了简化。

(5) 将工作簿保存在 OneDrive for Business 或 SharePoint 上后，在"文件"菜单的"历史记录"界面中，可以查看对工作簿进行的更改的完整列表，并可访问早期版本。

(6) 改善了"粘贴"功能。Excel 2016 会保留需要复制的内容，可以在执行了其他操作后再进行粘贴。

(7) 改善了函数提示功能，只要输入 3 个或更多字符，就会与函数名中任意位置的字符串进行匹配。

(8) 改进了透视表的功能，透视表字段列表支持搜索，当数据源字段数量较多时，方便查找字段。

(9) 新增了预测功能，包括"数据"选项卡中的预测和预测函数。

(10) Excel 2016 中新增了树状图、旭日图、直方图、排列图、箱形图和瀑布图等。

(11) Excel 2016 中内置了 3D 地图，用户可以轻松插入三维地图，并与二维地图同步播放。

(12) 内置了 Power Query 和 Power Map。

二、Excel 2016 的工作界面

启动 Excel 2016 后，可以看到 Excel 2016 的工作窗口与 Word 2016 的窗口很相似，很多组成部分的功能和用法与 Word 2016 相同。Excel 2016 的工作界面如图 3-1 所示。

图 3-1　Excel 2016 的工作界面

1. 工作簿

Excel 2016 创建的文件为"工作簿"，其扩展名为 .xlsx。一个工作簿由多个工作表构成，默认包含 1 张工作表，名称为 Sheet1，显示在工作界面的左下角，称为"工作表标签"。工作表的名字可以修改，工作表的个数也可以增减，单击工作表标签可以在不同的工作表之间切换。

2. 工作表

工作簿相当于一个账册，工作表则相当于账册中的一页。工作表是由若干行与列交叉构成的表格，每一行与每一列都有单独的标号来标识。行号用阿拉伯数字 1、2、3……表示，列标用英文字母 A、B、C……表示。

3. 单元格

主界面中间的部分称为工作区，Excel 对于数据的记录、计算、分析等功能均在该

区域实现。工作区中行列交汇处的格子称为"单元格"，是构成工作表的基本单位。用户输入的数据就保存在单元格中，它可以保存字符串、数值、文字、公式等。每一个单元格通过"列标＋行号"来表示单元格的位置，称为"单元格地址"，例如，A1 表示第 A 列第 1 行的单元格。单元格区域是由多个单元格组成的矩形区域，常用左上角和右下角单元格的名称来标识，改中间用"："间隔，例如，"A1:B3"表示的区域由 A1、B1、A2、B2、A3、B3 共 6 个单元格组成。不连续区域之间用"，"间隔，例如，"A1:B2，B3:C4"表示的区域由 A1、B1、A2、B2、B3、C3、B4、C4 共 8 个单元格组成。

正在使用的单元格称为"活动单元格"，其外框线和其他单元格的外框线不同，呈现为粗黑线，可以向活动单元格中输入数据或公式。活动单元格的地址显示在名称框中，内容同时显示在活动单元格和编辑栏中。

单击全选按钮，可以选择工作表中的所有单元格。

4. 编辑栏

编辑栏用来显示和编辑数据、公式，由名称框、操作按钮和编辑框三部分组成。名称框用来显示当前活动单元格的地址，也可通过它选择待操作的单元格。操作按钮 × 用来取消当前的操作，操作按钮 ✓ 用来确认当前的操作，单击操作按钮 *fx* 可以插入函数。编辑框中显示活动单元格的数据和公式。

三、工作表的基本操作

新建立的工作簿默认有 1 个工作表。用户可以根据需要对工作表进行相关操作，如插入、重命名、删除、切换和选定、移动和复制等。

1. 插入工作表

工作簿内默认的 1 个工作表往往不够用。若需要插入新工作表，可采用以下三种方法：

(1) 指向任意一个工作表标签单击右键，在快捷菜单中选择"插入"命令，选择"常用"选项卡中的"工作表"，单击"确定"。

(2) 单击工作表标签右侧的"插入工作表"按钮 ⊕ (快捷键是 Shift＋F11)。

(3) 单击"开始"选项卡的"单元格"组中的"插入"按钮 ，选择"插入工作表"。

2. 重命名工作表

为了能对工作表的内容一目了然，往往不采用默认的工作表名称 Sheet1、Sheet2 和 Sheet3，而是重新给工作表命名。工作表重命名方法如下：

(1) 指向要重命名的工作表标签单击右键，在快捷菜单中选择"重命名"命令，输入新的名称后回车确定。

(2) 鼠标双击要重命名的工作表标签，输入新的名称后回车确定。

3. 切换和选定工作表

单击工作表标签，可以在各个工作表之间切换。

有时需要同时对多个工作表进行操作，如输入几个工作表共同的标题，删除多个工作表等。选定多个工作表的方法如下：

1) 选定多个相邻的工作表

单击这几个工作表中的第一个工作表标签,然后按住 Shift 键单击这几个工作表中的最后一个工作表标签。此时这几个工作表标签均以白底显示,工作簿标题出现"[工作组]"字样。

2) 选定多个不相邻的工作表

先单击第一个工作表标签,然后按住 Ctrl 键依次单击其他待选定的工作表标签。

4. 删除工作表

如果工作簿中包含多余的工作表,可以将其删除,方法如下:

(1) 指向要删除的工作表标签单击右键,在快捷菜单中选择"删除"命令。

(2) 单击"开始"选项卡的"单元格"组中的"删除"按钮 ,选择"删除工作表"。工作表删除后不可恢复,所以删除时要谨慎,避免误删操作。

5. 移动和复制工作表

工作表的移动和复制可以在工作簿内或工作簿之间进行。

1) 在同一工作簿内移动或复制工作表

(1) 鼠标拖动法。移动:单击要移动的工作表标签,沿着标签行拖动工作表标签到目标位置。复制:单击要复制的工作表标签,按住 Ctrl 键沿着标签行拖动工作表标签到目标位置。

(2) 菜单操作法。① 指向要移动或复制的工作表标签单击右键,在快捷菜单中选择"移动或复制(M)…"命令,打开"移动或复制"对话框。② 在"下列选定工作表之前"栏中选定插入位置,单击"确定"按钮。(若复制,则先选中"建立副本"复选框,再单击"确定"按钮。)

2) 在不同工作簿间移动或复制工作表

打开需要操作的多个工作簿文件,进行如下操作:

(1) 指向要移动或复制的工作表标签单击右键,在快捷菜单中选择"移动或复制(M)…"命令,打开"移动或复制"对话框。

(2) 在"工作簿"栏中选中目标工作簿,如果要把所选工作表生成一个新的工作簿,则可选择"新工作簿"。

(3) 在"下列选定工作表之前"栏中选定插入位置,单击"确定"按钮。(若复制,则先选中"建立副本"复选框,再单击"确定"按钮。)

四、工作表的建立

1. 输入数据

在 Excel 2016 工作表的单元格中可输入常量(包括文本、数值和日期时间等)和公式两种类型的数据。输入数据通常有以下三种方法:

(1) 单击要输入数据的单元格,在该单元格中输入数据。

(2) 双击要输入数据的单元格,当光标闪烁时输入数据。

(3) 单击单元格,在编辑栏内输入数据,然后用鼠标单击控制按钮"取消"或"确定"输入的内容。

输入结束后,可以用 Enter 键、Tab 键或方向控制键定位到其他单元格继续输入数据。

1) 数值数据的输入

数值数据是由数字字符(0~9)和特殊字符(+、 -、 (、)、,、、 /、 $、 %、 E、 e、 . (小数点)、 空格等)组成。默认情况下, 数值数据在单元格中以右对齐方式显示。

Excel 2016 记录的数值型数据,最多保留 15 位有效数字。对于有效数字超过 15 位的整数,系统会自动将第 15 位之后的数字变为 0;对于有效数字超过 15 位的小数,系统会自动将第 15 位有效数字之后的小数截去。在输入数值数据时, 可参照下面的规则:

(1) 如果输入一个超过 11 位的整数数值时,系统会自动采用科学计数法的方式显示,如 "2.4E + 12"。

(2) 如果要输入正数, 则直接输入数值即可, 正号 " + " 可忽略。

(3) 如果要输入负数, 必须在数字前加一个负号 " - " 或者给数字加一个圆括号。例如, 输入 " -1" 或者 "(1)" 都会得到 -1。

(4) 如果要输入百分数, 可直接在数字后面加上百分号 "%"。例如, 要输入 50%, 可在单元格中先输入 50, 再输入 "%" 。

(5) 如果要输入小数, 直接输入带小数点的数值即可。

(6) 如果要输入分数, 应先输入一个 0, 再输入空格, 而后输入分数, 否则会被系统当做时间。如 3/4, 应输入 "0 3/4" 。

(7) 如果出现 "####" 标记时, 说明列宽不足以显示数据, 可以通过调整单元格的列宽使其正常显示。

2) 文本数据的输入

文本数据包括汉字、英文字母、数字字符串、空格以及其他符号。默认情况下, 文本以左对齐方式显示。

如果输入的数据超过单元格的宽度, 若右侧相邻的单元格没有数据, 则超出部分会显示在该相邻单元格内; 若右侧相邻的单元格有数据, 则截断显示(并没有删除)。

如果要把纯数字的数据作为文本处理, 则在输入的数字前加一个英文单引号 " ' ", 该数据将被视为文本。例如输入运城的邮政编码 044000, 则要输入 " '044000", 单元格中将显示 044000, 此时的 044000 是文本而不是数值。

如果在单元格中输入的数据需要换行, 则需要使用组合键 Alt + Enter 输入硬回车。

3) 日期和时间数据的输入

Excel 2016 将日期和时间数据作为数值处理。当在单元格中输入可识别的日期或时间数据时, 单元格的格式就会自动从常规格式转换为相应的日期或时间格式, 而不需要去设定该单元格为日期或时间格式。

如果设定某一单元格为日期或时间格式, 在此单元格中输入的数值自动转换为自 1900 年 1 月 1 日后的该数值的日期格式。如输入 12, 显示为 1900 年 1 月 12 日的日期格式。

Excel 2016 常用 "/" 或者 "-" 来分隔日期的年、月、日部分,如 2015/1/1 或 2015-1-1;

输入时间数字用冒号(∶)分隔。Excel 2016 中的时间采用 24 小时制，如果用 12 小时制，则在时间数字后空一格，输入 AM(A)或 PM(P)分别表示上午或下午。

可以用组合键 Ctrl + ; 输入当前日期，用组合键 Ctrl + Shift + ; 输入当前时间。

2. 填充数据

Excel 2016 有填充数据功能，可以快速录入多个数据或一个数据序列。

1) 用组合键填充相同数据

如果要在多个单元格中输入相同的数据，可以先选定这些单元格区域，然后在活动单元格中输入要填充的数据，再按下组合键 Ctrl + Enter 就可以完成数据的填充。

2) 使用"填充柄"填充数据

当选中单元格时，在单元格黑框右下角的小黑方块就是"填充柄"，当鼠标指向填充柄时，鼠标指针会变为实心十字"✚"。使用填充柄的方式有按住鼠标左键拖动和双击鼠标左键两种方式。上下左右四个方向拖动鼠标左键都可以实现数据填充，双击鼠标左键只能用于相邻列有数据并且只能向下填充数据。

使用填充柄填充数据有三种情况：

(1) 如果选定单元格中的内容不是已定义的序列数据或是数值数据，拖动填充柄时将实现文本的复制操作。例如，在某一单元格中输入"计算机"，拖动填充柄时将依次填充"计算机"。

(2) 如果选定单元格中的内容是已定义的序列数据或是文本格式的数值数据，拖动填充柄时将自动填充序列。例如，在某一单元格中输入"星期一"，拖动填充柄时将依次填充"星期二、星期三……"。

(3) 如果在相邻单元格输入存在趋势的数据，拖动填充柄时，系统自动预测数据序列进行填充。例如，在某一单元格输入数字 1，在相邻单元格中输入数字 3，选中这两个单元格后拖动填充柄，在单元格区域中填充出等差序列 1、3、5、7……。

3) 使用"序列"对话框填充数据序列

采用该方法可以快速生成大批量的序列数据，如在 A 列生成 1～10000 共 10000 个编号。

(1) 在单元格中输入序列的初值，如在 A1 单元格中输入 1。

(2) 单击"开始"选项卡的"编辑"组中的"填充"按钮 ⬇，选择"系列"，弹出"序列"对话框，如图 3-2 所示。

(3) 在对话框中选取序列产生的位置和类型，并设置序列的步长值和终止值。如设置序列产生在"列"，类型选择"等差序列"，步长值输入 1，终止值输入 10000。

(4) 单击"确定"按钮。

图 3-2　"序列"对话框

4) 快速填充

如果编号中包含其他字符，如在 B 列生成 YK00001～YK10000 共 10000 个编号，用拖动填充柄的方法不容易实现。可以采用以下四种方法：

(1) 双击填充柄。首先在 A 列生成 1～10 000 共 10 000 个编号，在 B1 单元格中输入 YK00001，选定 B1 单元格，双击 B1 单元格右下角的填充柄。

(2) 使用"快速填充"按钮。首先在 A 列生成 1～10 000 共 10 000 个编号，在 B1 单元格中输入 YK00001，选定 B1 单元格，单击"开始"选项卡的"编辑"组中的"填充"按钮 □，选择"快速填充"。

(3) 使用 Ctrl + E 组合键。首先在 A 列生成 1～10 000 共 10 000 个编号，在 B1 单元格中输入 YK00001，选定 B1 单元格，按下 Ctrl + E 组合键。

(4) 使用"序列"对话框。在 B1 和 B2 单元格中分别输入 YK00001 和 YK00002，在编辑栏的名称框中输入 B1:B10000 后回车选中 10000 个单元格，打开"序列"对话框在其中选择类型为"自动填充"，单击"确定"按钮。

采用快速填充的方法还可以实现截取某个序列中部分数据的功能，如将 YK00001～YK10000 共 10 000 个编号中的数字提取出来生成 00001～10000 序列编号。

5) 自定义序列填充

已定义序列中的数据可以实现自动填充，实际应用中可将需要多次输入的例如职称、商品名称、课程科目等数据系列添加到自定义序列中，节省输入工作量，提高效率。添加自定义序列的具体操作步骤如下：

(1) 单击"文件"选项卡中的"选项"命令，打开"Excel 选项"对话框。

(2) 单击"高级"标签，在"常规"栏中单击"编辑自定义列表"对话按钮，打开"自定义序列"对话框。

(3) 对话框中显示已经定义的各种填充序列，选中"新序列"并在"输入序列"框中输入填充序列，如"第一季度、第二季度、第三季度、第四季度"。

(4) 单击"添加"按钮，新定义的填充序列出现在"自定义序列"对话框中，如图 3-3 所示。

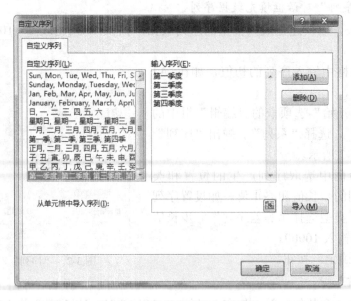

图 3-3　"自定义序列"对话框

(5) 单击"确定"按钮。

如果工作表中已经输入了自定义序列，可以在"自定义序列"对话框中使用"导入"按钮将新序列导入自定义序列。

3. 数据验证

Excel 2016 的数据验证功能，可以根据用户指定的规则，对输入的数据自动进行验证，起到限制输入内容、减少输入错误的作用。例如，通过设置数据验证条件实现通过下拉列表选择性别。具体操作步骤如下：

(1) 选定要设置条件验证的单元格区域。

(2) 单击"数据"选项卡中的"数据工具"组中的"数据验证"按钮，弹出"数据验证"对话框。

(3) 在"设置"选项卡中选择验证条件的允许为"序列"，在来源编辑栏中输入"男，女"(分隔符是英文逗号)，其他采用默认设置，如图 3-4 所示。

图 3-4　"数据验证"条件设置

(4) 单击"确定"按钮。

设置好后，当设置验证条件的单元格为活动单元格时，其右侧就会出现下拉箭头，用户可以通过选择实现输入，如图 3-5 所示。

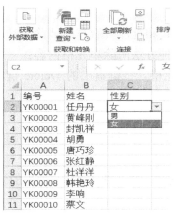

图 3-5　"选择输入"效果

　　如果设置"允许"条件为"整数"，可以实现限制整数的输入范围，一旦超出设置的范围就会弹出出错警告。用户通过设置对话框中的"出错警告"自定义输入出错时的警告信息内容。

五、工作表的编辑

　　工作表的编辑主要包括工作表中数据的编辑，单元格、行、列的插入、删除、移动和复制等操作。工作表的编辑应遵循"先选定，后操作"的原则。

1. 选定工作表中的对象

　　工作表中常用的选定操作如表 3-1 所示。

表 3-1　常用的选定操作

对　　象	操　　作
单元格	单击单元格
连续区域	① 从区域的左上角拖动到右下角 ② 单击左上角单元格，按住 Shift 键单击右下角单元格
不连续区域	按住 Ctrl 键选择各个单元格区域
整行或整列	单击工作表相应的行号或列标
相邻行或列	在行号或列标区域拖动鼠标
整个表格	① 单击工作表左上角的全选按钮 ② 用 Ctrl + A 组合键

2. 编辑单元格内容

1) 修改单元格内容

如果在输入时出现了错误，可采用下面两种方法修改单元格中的内容：

(1) 单击要修改的单元格，在编辑栏中直接修改。

(2) 双击要修改的单元格，则插入点定位在单元格中，在单元格中直接修改。

2) 清除单元格内容

一个单元格包含内容、格式和批注等数据。清除是针对单元格中的数据，单元格仍保留在原位置。可采用下面三种方法清除单元格内容：

(1) 选定要清除内容的单元格，按键盘上的 Delete 键。此方法只能清除所选区域内的内容，不能清除格式。

(2) 选定要清除内容的单元格，单击"开始"选项卡中的"编辑"组中的"清除"按钮，选择"清除内容"。如果要清除格式、批注、超链接等数据，可选择相应的选项完成相应的清除操作。

(3) 鼠标指向要清除内容的单元格单击右键，在弹出的快捷菜单中选择"清除内容"。

3) 移动或复制单元格内容

(1) 鼠标拖动法。① 选定要移动(复制)的单元格区域。② 将鼠标指针移动到选定单元格区域的边框线上，然后按住鼠标左键拖动(按 Ctrl 键拖动)到目标位置。

(2) 使用剪贴板法。① 选定要移动(复制)的单元格区域。② 单击"开始"选项卡中的"剪贴板"组中的"剪切"("复制")按钮。③ 选定目标单元格。④ 单击"开始"选项卡的"剪贴板"组中的"粘贴"按钮。

3. 编辑工作表中的对象

1) 插入单元格

(1) 单击某单元格，使之成为活动单元格。

(2) 单击"开始"选项卡的"单元格"组中的"插入"按钮。

(3) 选择"插入单元格"，出现如图 3-6 所示的"插入"对话框。希望选定单元格内容向右移动，则在"插入"对话框选择"活动单元格右移"。希望选定单元格内容向下移动，则选择"活动单元格下移"。

图 3-6　"插入"对话框

(4) 单击"确定"按钮。

2) 删除单元格

删除不同于清除，清除是清除数据，而删除不但删去了数据，而且用右边或下方的单元格把原来的单元格覆盖了。

(1) 单击要删除的单元格。

(2) 单击"开始"选项卡的"单元格"组中的"删除"按钮。

(3) 选择"删除单元格"，出现如图 3-7 所示的"删除"对话框。根据需要选择相应选项。

图 3-7　"删除"对话框

(4) 单击"确定"按钮。

3) 插入行和列

(1) 单击某行(列)的任一单元格。

(2) 单击"开始"选项卡的"单元格"组中的"插入"按钮 ⊞▾。

(3) 选择"插入工作表行"("插入工作表列"),将在该行(列)之前插入一行(列)。如果一次要插入多行(列),可选中多行(列)后插入。

在 Excel 2016 中可以使用 Ctrl + Shift + + 组合键快速插入空行。

4) 删除行和列

(1) 选择要删除的行(列)。

(2) 单击"开始"选项卡的"单元格"组中的"删除"按钮 ⊞✕。

(3) 选择"删除工作表行"("删除工作表列")。

5) 移动和复制行(列)

(1) 选择要移动(复制)的行(列)。

(2) 单击"开始"选项卡的"剪贴板"组中的"剪切"("复制")按钮。

(3) 单击目标行(列)中单元格。

(4) 单击"开始"选项卡的"剪贴板"组中的"粘贴"按钮。

六、格式化工作表

一个好的工作表除了保证数据的正确性外,还应该有整齐、鲜明的外观,用户可通过格式化工作表使其变得更加美观。工作表的格式化主要包括设置单元格格式、设置条件格式、调整工作表的行高和列宽、合并单元格和设置自动套用格式等。

1. 设置单元格格式

要设置单元格格式,应先选中需要格式化的单元格区域,打开如图 3-8 所示的"设置单元格格式"对话框。

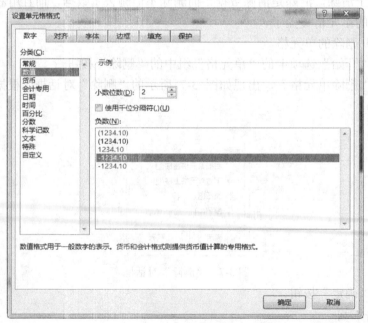

图 3-8 "设置单元格格式"对话框

以下三种方法可以打开"设置单元格格式"对话框：

(1) 单击"开始"选项卡的"单元格"组中的"格式"按钮，选择"设置单元格格式"。

(2) 单击"开始"选项卡的"字体"("对齐方式""数字")组右下角的对话框启动器。

(3) 鼠标右击单元格，在快捷菜单中选择"设置单元格格式"。

对话框中有数字、对齐、字体、边框、填充、保护选项卡，用户可以根据需要在对话框中设置有关信息进行相应的格式化。

1) 设置数字格式

通常情况下，输入到单元格中的数字不包含任何特定的数字格式。由于 Excel 的主要操作对象是数字，因此经常要对各种类型的数字进行相应的格式设置。

在 Excel 中，可以设置不同的小数位数、百分号、货币符号、是否使用千位分隔符等来表示同一个数，如 1234.56、123456%、￥1234.56、1,234.56 等。这时单元格中显示的是格式化后的数字，编辑框中显示的是系统实际存储的数据。

Excel 提供了大量的数字格式，包括常规、数值、货币、会计专用、日期、时间、百分比、分数、科学记数、文本、特殊等类别。其中，常规是系统的默认格式。

设置数据格式时，可以单击"开始"选项卡的中"数字"组中的有关按钮，也可以在"设置单元格格式"对话框的"数字"选项卡中进行设置。常用的设置数字格式的组合键如下：

(1) Ctrl+Shift+1：去除小数点；

(2) Ctrl+Shift+2：设置时间格式；

(3) Ctrl+Shift+3：设置日期格式；

(4) Ctrl+Shift+4：设置货币格式；

(5) Ctrl+Shift+5：设置百分比格式。

2) 设置对齐方式

在 Excel 中，不同类型的数据在单元格中以某种默认方式对齐。例如，文本左对齐，数值、日期和时间右对齐等。如果对默认的对齐方式不满意，用户可以改变数据的对齐方式。

设置字体格式时，可以单击"开始"选项卡中的"对齐方式"组中的有关按钮，也可以在"设置单元格格式"对话框的"对齐"选项卡中进行设置。

(1) 在"对齐"选项卡中的"文本对齐方式"项可设置"水平对齐"(靠左、居中、靠右、填充、两端对齐、分散对齐和跨列居中)和"垂直对齐"(靠上、居中、靠下、两端对齐和分散对齐)。

(2) 在"方向"项可以直观地设置文本按某一角度方向显示。

(3) 在"文本控制"项可以设置"自动换行""缩小字体填充"和"合并单元格"。当输入的文本过长时，一般可设置自动换行。一个区域中的单元格合并后，这个区域就成为一个整体，并把左上角单元的地址作为合并后的单元格地址。

3) 设置字体格式

Excel 可以设置单元格内容的字体(如宋体等)、字形(如加粗、倾斜等)、字号、颜色、下划线和特殊效果(如上标、下标等)等格式。

设置字体格式可以单击"开始"选项卡的"字体"组中的有关按钮，也可以在"设置单元格格式"对话框的"字体"选项卡中进行设置。

4) 设置边框格式

Excel 可以设置单元格边框的线条样式、线条颜色等格式，如果选定的是单元格区域，则有外边框和内边框之分。

设置表格框线首先要通过鼠标拖动选择需要设置边框线的单元格区域，鼠标右击选定的单元格区域，在快捷菜单中选择"设置单元格格式"，打开"设置单元格格式"对话框，单击"边框"选项卡，如图 3-9。在"样式"组中选择线型，"颜色"下拉列表框中选择线条颜色，"预置"组中选择应用范围，如果选定范围的某边框线需要保留原格式，在"边框"组选择相应的边框线即可。

图 3-9　"边框"选项卡

5) 设置填充格式

Excel 可以设置单元格的背景色、填充效果、图案颜色和图案样式等格式。

设置填充格式可以单击"开始"选项卡的"字体"组中的"填充"按钮 ，也可以在"设置单元格格式"对话框的"填充"选项卡中进行设置。

2. 设置条件格式

条件格式可以使数据在满足不同的条件时，显示不同的格式。

例如，设置分数少于 60 的用红色、倾斜、加粗显示；大于等于 60 的默认显示。

设置条件格式的步骤如下：

(1) 选定要使用条件格式的单元格区域。

（2）单击"开始"选项卡的"样式"组中的"条件格式"按钮，在下拉菜单中进行选择，如选择"突出显示单元格规则"。

（3）在下一级菜单中做出选择，如选择"小于"，出现"小于"对话框，如图 3-10 所示。

图 3-10　"小于"对话框

（4）在左边的文本框输入 60，在右边的"设置为"下拉列表框中选择"自定义格式"，打开"设置单元格格式"对话框，在对话框中设置字体颜色为红色、字形为倾斜、加粗后，单击"确定"按钮。

如果要清除已设置的条件格式，选择单元格区域，单击"开始"选项卡的"样式"组中的"条件格式"按钮，在下拉菜单中选择"清除规则"下一级的"清除所选单元格的规则"。

3. 调整工作表的行高和列宽

调整工作表的行高和列宽是美化工作表外观经常使用的手段。可以解决单元格中的数值以一串"#"显示、文本数据被截断等问题。调整行高和列宽的方法如下：

1）鼠标操作法

移动鼠标到目标行(列)的行号(列标)的分隔线上，当鼠标指针呈上下(左右)双向粗箭头时，如图 3-11 所示，上下(左右)拖动鼠标，即可改变行高(列宽)。

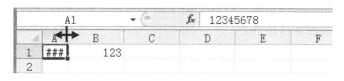

图 3-11　利用鼠标调整列宽

当鼠标指针变为双向粗箭头形状时，双击鼠标就可把行(列)自动调整为"最适合的行高(列宽)"。

2）菜单操作法

如果要精确调整行高和列宽，可以单击"开始"选项卡的"单元格"组中的"格式"按钮 ，在下拉菜单中选择"行高"（"列宽"），在打开的对话框中输入需要的值后单击"确定"按钮。行高对话框如图 3-12 所示。

图 3-12　"行高"对话框

4. 合并单元格

制作表格时，如果表格的标题内容较长，而且要居中显示时，就需要对多个单元格进行合并。合并单元格的操作步骤如下：

(1) 选择要合并的多个单元格，如图 3-13 所示。

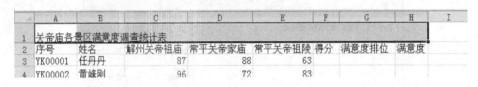

图 3-13　选择要合并的单元格

(2) 单击"开始"选项卡的"对齐方式"组中的"合并后居中"按钮，即可合并单元格，并使内容居中显示，如图 3-14 所示。

	A	B	C	D	E	F	G	H	I
1				关帝庙各景区满意度调查统计表					
2	序号	姓名	解州关帝祖庙	常平关帝家庙	常平关帝祖陵	得分	满意度排位	满意度	
3	YK00001	任丹丹	87	88	63				
4	YK00002	黄峰刚	96	72	83				

图 3-14　合并后的单元格

5. 设置自动套用格式

Excel 提供了一些现成的工作表格式，这些格式中包含了对数字格式、对齐、字体、边界、色彩等格式的组合。用户可以套用这些系统定义的格式来美化表格，操作步骤如下：

(1) 选择要套用格式的单元格区域。

(2) 单击"开始"选项卡的"样式"组中的"套用表格格式"按钮。

(3) 选择所需要的表格格式。

自动套用表格格式后，将出现"设计"选项卡，在该选项卡中可以修改表样式、清除表样式、添加表样式等。

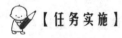【任务实施】

山西运城关帝庙共有三个景区，分别是解州关帝祖庙、常平关帝家庙和常平关帝祖陵。为了进一步提高关帝庙的影响，管理方对三个景区进行了满意度调查，调查和分析使用 Excel 进行处理。具体要求如下：

1. 新建工作簿与工作表

(1) 创建一个名为"关帝庙景区调查分析"的工作簿文件。

(2) 创建四个工作表，分别命名为："游客档案表""满意度调查表""游客档案信息查询"和"调查结果统计表"。

2. 输入数据并编辑工作表

(1) 输入"游客档案表"工作表的数据，数据如图 3-15 所示。

图 3-15 "游客档案表"工作表数据

(2) 输入"满意度调查表"工作表的数据，数据如图 3-16 所示。

	A	B	C	D	E	F	G	H
1	满意度调查表							
2	序号	姓名	解州关帝祖庙	常平关帝家庙	常平关帝祖陵	得分	满意度排位	满意度
3	YK00001	任丹丹	87	88	63			
4	YK00002	黄峰刚	96	72	83			
5	YK00003	封凯祥	83	86	85			
6	YK00004	胡勇	87	96	73			
7	YK00005	唐巧珍	72	93	74			
8	YK00006	张红静	75	98	80			
9	YK00007	杜洋洋	69	88	64			
10	YK00008	韩艳玲	68	92	72			
11	YK00009	李响	97	90	65			
12	YK00010	蔡文	58	79	90			
13	YK00011	马丽娟	79	86	87			
14	YK00012	李晓	80	98	79			
15	YK00013	李贺贺	83	73	86			
16	YK00014	胡丽梅	83	86	59			
17	YK00015	李思坤	85	85	83			
18	YK00016	连永峰	86	80	58			
19	YK00017	赵洋	87	82	46			
20	YK00018	刘琪	90	82	79			
21	YK00019	张宇	95	74	48			
22	YK00020	白玉娟	96	90	68			
23	平均值							
24	最大值							
25	最小值							
26	总人数							
27	满意人数							
28	满意占比							

图 3-16 "满意度调查表"工作表数据

(3) 输入"游客档案信息查询"工作表的数据，数据如图 3-17 所示。

	A	B	C
1	游客档案信息查询		
2	序号		
3	姓名		
4	性别		
5	身份证号码		
6	出生日期		
7	年龄		
8	年龄段		

图 3-17　"游客档案信息查询"工作表数据

(4) 输入"调查结果统计表"工作表的数据，数据如图 3-18 所示。

	A	B	C
1	景区	满意度	人数
2	解州关帝祖庙	非常满意 (90-100)	
3		满意 (80-89)	
4		一般 (70-79)	
5		不满意 (60-69)	
6		非常不满意 (<60)	
7	常平关帝家庙	非常满意 (90-100)	
8		满意 (80-89)	
9		一般 (70-79)	
10		不满意 (60-69)	
11		非常不满意 (<60)	
12	常平关帝祖陵	非常满意 (90-100)	
13		满意 (80-89)	
14		一般 (70-79)	
15		不满意 (60-69)	
16		非常不满意 (<60)	

图 3-18　"调查结果统计表"工作表数据

(5) 对工作表进行适当的编辑操作。

3. 格式化工作表

(1) 设置"游客档案表"第 1 行 A1:H1 单元格区域为表格标题，要求的格式为：合并后居中显示，宋体，20 号，加粗，填充色为"橙色"，行高为 24。

(2) 设置"游客档案表"第 2 行的各项目标题的格式为：宋体，14 号，加粗，行高为自动调整行高。

(3) 设置"游客档案表"A1:H22 中所有数据水平居中对齐。

(4) 设置"游客档案表"A1:H22 表格区域的边框线格式为：外边框为粗蓝色实线框线，内边框为浅蓝色的细虚线。自行进行其他格式化，使得表格美观。

(5) 设置"满意度调查表"第 1 行 A1:H1 单元格区域为表格标题合并后居中显示，宋体，20 号，加粗，填充色为"橙色"，行高为 24，A23 到 B28 单元格的格式为：将A23 和 B23 单元格合并后居中，第 24～28 行同样设置，格式为宋体，16 号，加粗，行高为自动调整行高，填充色为"浅绿"。

(6) 设置"满意度调查表"C3:F22 单元格区域的条件格式为：分值小于 60 的单元格，设置格式为"浅红填充色深红色文本"。自行进行其他格式化，使得表格美观。

(7) 设置"游客档案信息查询"第 1 行 A1:B 1 单元格区域为表格标题合并后居中显示。自行进行其他格式化，使得表格美观。

(8) 分别设置"调查结果统计表"第 1 列 A2:A6、A7:A11、A12:A16 三个单元格区域合并后居中显示。自行进行其他格式化，使得表格美观。

实施思路

(1) 新建工作簿，保存文件。重命名"Sheet1"工作表为"游客档案表"，插入三个工作表并分别重命名。

(2) 输入"游客档案表"工作表数据，"序号"列数据采用填充数据的方法输入，输入身份证号时先输入一个英文单引号。

(3) 在输入数据的过程中根据需要进行编辑工作表的操作。

(4) 格式化工作表时要遵循"先选定，后操作"的规则，按要求格式化。

任务 2　公式与函数

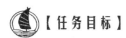

【任务目标】

知识目标

(1) 理解电子表格处理软件 Excel 2016 中地址引用、公式和函数的作用；

(2) 认识常用的数学、统计、日期和时间等函数。

技能目标

掌握公式和函数的用法，应用公式和函数解决实际问题。

素质目标

通过公式和函数的实践应用过程，培养学生解决问题的能力，提升学生团结协作能力和沟通的能力，形成创新能力和创新意识，建立计算机信息素养和积极的创新情感，积淀中华优秀传统文化底蕴，升华服务社会的责任感和使命感。

【任务描述】

在实际应用中经常会涉及根据原始批量数据进行计算得到更有价值的信息的情况，使用 Excel 2016 提供的运算符和函数公式，系统将按公式自动计算。当有关数据修改后，计算结果也会自动更新。

本任务是应用公式和函数进行计算，得到需要的数据和更有价值的信息。

【相关知识】

一、单元格引用

Excel 在公式和函数中经常使用单元格名称表示其内容，称为"单元格的引用"。

在公式或函数中可以对单元格或单元格区域进行引用，可以引用同一工作表中不同部分的数据，也可以引用同一工作簿其他工作表中的数据，甚至其他工作簿中的数据。常见的单元格引用有四种方式：相对地址引用、绝对地址引用、混合地址引用和外部引用(链接)。

1. 相对地址引用

除非特殊需要，Excel 一般直接使用单元格地址来引用单元格，例如第三行第一列的单元格表示为"A3"，用这种方法表示的单元格地址叫做相对地址。使用相对地址引用时，如果把一个单元格的公式复制到一个新位置，公式中的单元格地址会随着改变，即根据公式的原来位置和复制的目标位置推算出公式中单元格地址相对原位置的变化。

例如，F3 单元格的公式为"=C3+D3+E3"，复制公式到 F4 单元格后，F4 单元格的公式为"=C4+D4+E4"，目标位置相对于源位置发生了下移 1 行的变化，导致参加运算的对象均做了下移 1 行的调整，即系统记住了建立公式单元格和被引用单元格的相对位置，复制公式时，新的公式所在的单元格和被引用的单元格之间仍保持这种位置关系。

2. 绝对地址引用

如果在引用的单元格地址的行号和列号前加"$"，例如第三行第一列的单元格表示为"$A$3"，用这种方法表示的单元格地址叫做绝对地址。使用绝对地址引用时，如果把一个单元格的公式复制到一个新位置，公式中所引用的单元格地址不变，引用的数据也不会发生改变。

例如，C4 单元格中的公式为"=$A$1+$B$2"，复制公式到 D5 单元格后，D5 单元格的公式仍为"=$A$1+$B$2"，可见绝对引用地址$A$1、$B$2 不会变化。

3. 混合地址引用

如果输入公式时只在行号或列标前加"$"，例如第三行第一列的单元格表示为"$A3"或"A$3"，用这种方法表示的地址叫做混合地址。所谓混合地址引用，是指在引用单元格地址时，一部分为相对引用地址，另一部分为绝对引用地址。如果"$"符号放在列标前，如$A3，则复制公式时，列的位置是"绝对不变"的，而行的位置将随目标单元格的变化而变化。如果"$"符号放在行号前，如 A$3，则复制公式时，行的位置是"绝对不变"的，而列的位置将随目标单元格的变化而变化。

例如，C4 单元格中的公式为"=$A1+B$2"，复制公式到 D5 单元格后，D5 单元格的公式为："=$A2+C$2"。

4. 外部引用(链接)

同一工作表中的单元格之间的引用称为"内部引用"。在 Excel 中还可以引用同一工作簿中不同工作表中的单元格，也可以引用不同工作簿中的工作表的单元格，这种引用称为"外部引用"，也称为"链接"。

引用同一工作簿内不同工作表中的单元格格式为"=工作表名!单元格地址"，如"=Sheet2!A1"。

引用不同工作簿中的工作表中的单元格格式为"=[工作簿名]工作表名!单元格地址"，例如"=[Book1.xlsx]Sheet1!$A$1"。

二、公式

在 Excel 中，公式以一个等号"="开头，其中可以包含各种运算符、常量、括号、函数以及单元格引用等，不能包含空格。例如"=A1+B2+100""=SUM(10, 20, A5)"。使用公式可以计算工作表中的各种数据，计算结果准确而且及时更新，大大提高了工作效率。

1. 输入公式

输入公式时必须以"="开头，后跟公式中的运算对象、运算符和括号等。可以在单元格中输入公式，也可以在编辑栏右侧的编辑框中输入公式。

在单元格中输入公式的步骤如下：

(1) 选定要输入公式的单元格。

(2) 输入一个等号"="，再键入一个由运算对象、运算符和括号等构成的表达式。

(3) 输入完成后，按下"Enter"键或者单击编辑栏上的"确认"按钮。

2. 运算符与运算顺序

公式中常用的运算符有算术运算符、字符运算符、关系运算符等。不同类型的运算符优先级不相同。引用运算符中的冒号、逗号、空格，算术运算符中的负号、百分比、乘幂、乘除是同级运算符；算术运算符中的加减是同级运算符；字符运算符和关系运算符是同级运算符。同级运算时，优先级按照从左到右的顺序计算。运算符与运算示例如表 3-2 所示。

表 3-2 运算符与运算示例

运算符名称	表现形式	示　例
算术运算符	负号(－)	－1，－A1
	百分号(%)	5%(即 0.05)
	乘方(＾)	5^2(即 $5^2 = 25$)
	乘(＊)、除(／)	5*3、10/2
	加(+)、减(-)	5+3、11－3
字符运算符	字符串连接(&)	"Beijing"&"2008" (即 "Beijing2008")
关系运算符	=、<>、>、>=、<、<=、	5 = 1 的值为 False，5<>1 的值为 True 5 > 1 的值为 True，5>=1 的值为 True 5 < 1 的值为 False，5<=1 的值为 False
引用运算符	:、空格、,	A1:B3，表示一个由 6 个单元格组成的区域 A1:B2，B3:B5，表示由两个单元格区域共同组成的区域，即 A1、A2、B1、B2、B3、B4、B5 七个单元格

3. 复制公式

公式的使用在 Excel 中会经常遇到，对于一些计算方法类似的单元格，其公式如果逐一输入不仅麻烦且容易出错。Excel 2016 提供了公式的复制功能，可以方便地实现公式的快速输入。

公式的复制与单元格数据的复制类似，同样可以使用剪贴板、鼠标拖动等方法。

(1) 剪贴板法：复制已有公式的单元格中的内容，将鼠标移至目标单元格区域后粘贴。

(2) 鼠标拖动法：单击已有公式的单元格，鼠标指针指向填充柄，当鼠标指针变为实心十字时，拖动至目标单元格区域即可。

三、函数

函数是预先编写好的公式。Excel 中含有大量的函数，可以进行数学、文本、逻辑、查找信息等计算工作，使用函数可以加快数据的录入和计算速度。

1. 插入函数

函数的一般格式为函数名(参数 1，参数 2，参数 3，…)

函数中的参数可以是数字、文本、单元格引用、公式、其他函数等。插入函数可采用以下三种方法：

(1) 在活动单元格中先输入"="，再输入函数名称及其计算时所需的参数。

(2) 选择活动单元格，单击编辑栏上的"插入函数"按钮 f_x。

(3) 选择活动单元格，单击"公式"选项卡的"函数库"组中的"插入函数"按钮 f_x。

2. 常用函数

Excel 提供了许多功能完备且易于使用的函数，涉及统计、日期时间、文本处理、逻辑、查找与引用等。

1) 统计函数

(1) 求和函数 SUM(Number1, Number2, …)。该函数的功能是对所选定的单元格或区域进行求和，参数可以为常数、单元格引用、区域引用或者函数等。Number1，Number2，…是所求和的 1 至 30 个参数。

在 Excel 2016 中可以使用组合键 ALT+= 快速求和。

(2) 求平均值函数 AVERAGE(Number1, Number2, …)。该函数的功能是对所选定的单元格或区域求平均值，参数可以为常数、单元格引用、区域引用或者函数等。Number1，Number2，…是所求平均值的 1 至 30 个参数。

(3) 求最大值函数 MAX(Number1, Number2, …)。该函数的功能是对所选定的单元格或区域求最大值，参数可以为常数、单元格引用、区域引用或者函数等。Number1，Number2，…是所求最大值的 1 至 30 个参数。如果参数为错误值或不能转换成数字的文本，将产生错误。如果参数不包含数字，则函数 MAX 返回 0。

(4) 求最小值函数 MIN(Number1, Number2, …)。该函数的功能是对所选定的单元格或区域求最小值，参数可以为常数、单元格引用、区域引用或者函数等。Number1，Number2，…是所求最小值的 1 至 30 个参数。如果参数为错误值或不能转换成数字的文本，将产生错误。如果参数不包含数字，则函数 MIN 返回 0。

(5) 计数函数 COUNT(Value1, Value2, …)。该函数的功能是求各参数中数值型参数和包括数值的单元格个数。Value1，Value2，…是包含或引用各种类型数据的 1 至 30 个参数。函数 COUNT 在计数时，将把数字、空值、逻辑值、日期或以文字代表的数计算进去，但是错误值或其他无法转化成数字的文字则被忽略。

> **注意**：空白单元格不计算在内而空值计算在内，但只有数字类型的数据才被计数。

(6) 条件计数函数 COUNTIF(Range, Criteria)。该函数的功能是计算给定区域 Range 中满足条件 Criteria 的单元格的数目。Range 为需要计算其中满足条件的单元格数目的单元格区域。Criteria 为确定满足的条件，其形式可以为数字、表达式或文本。例如，条件可以表示为 32、"32" ">32" "Apples" 等。

(7) 多条件计数函数 COUNTIFS(criteria_range1, criteria1, [criteria_range2, criteria2]…)。该函数的功能是计算各个给定区域 criteria_range 中满足各个条件 criteria 的单元格的数目。criteria_range1 为第一个需要计算其中满足条件的单元格数目的单元格区域。criteria1 为第一个需要满足的条件，其形式可以为数字、表达式或文本。使用该函数时至少需要一组区域和条件，可以有多组区域和条件。

(8) 排名次函数 RANK(Number, Ref, Order)。该函数的功能是返回某数字 Number 在一列数字 Ref 中相对于其他数值的大小排名。Number 是待排位的数；Ref 是一组数，其中非数字值将被忽略；Order 是排位方式，如果为 0 或省略，按降序排名，非 0 时按升序排名。

2) 日期时间函数

(1) YEAR(Serial_Number)函数。该函数的功能是返回某个日期对应的年份，是介于 1900 到 9999 之间的整数。Serial_Number 是查找年份的日期。

(2) MONTH(Serial_Number)函数。该函数的功能是返回某个日期对应的月份，是介于 1(一月)到 12(十二月)之间的整数。Serial_Number 是查找月份的日期。

(3) DAY(Serial_Number)函数。该函数的功能是返回某个日期对应的天，是介于 1 到 31 之间的整数。Serial_number 是查找对应天的日期。

(4) TODAY()函数。该函数的功能是返回当前日期的序列号。默认情况下，1900 年 1 月 1 日的序列号为 1。

(5) DATE(Year, Month, Day)函数。该函数的功能是返回指定日期的序列号。Year 表示年份，Month 表示月份，Day 表示日。例如，公式"= DATE(2008, 7, 8)"返回 39637。

3) 文本处理函数

(1) CONCATENATE(Text1, Text2, …)函数。该函数的功能是将多个字符文本或单元格中的数据连接在一起，显示在一个单元格中。Text1、Text2，…是需要连接的字符文本或引用的单元格。

(2) LEFT(Text, Num_Chars)函数。该函数的功能是从一个文本字符串的第一个字符开始，截取指定数目的字符。Text 代表要截字符的字符串，Num_Chars 代表给定的截取数目。

(3) MID(Text, Start_Num, Num_Chars)函数。该函数的功能是从一个文本字符串的指定位置开始，截取指定数目的字符。Text 代表一个文本字符串，Start_Num 表示指定的起始位置，Num_Chars 表示要截取的数目。

（4）RIGHT(Text, Num_Chars)函数。该函数的功能是从一个文本字符串的最后一个字符开始，截取指定数目的字符。Text 代表要截字符的字符串，Num_Chars 代表给定的截取数目。

4）逻辑函数

（1）条件函数 IF(Logical_Test, Value_If_True, Value_If_False)。该函数的功能是根据逻辑值判断是否满足某个条件，如果满足返回一个值，否则返回另一个值。其中 Logical_Test 是任何可能被计算为 True 或 False 的数值或表达式，若 Logical_Test 的值为 True，Value_If_True 的值为函数的返回值，否则 Value_If_False 的值为函数返回值。Value_If_True 和 Value_If_False 的值可以是数值、文本、表达式、函数等。如果是 IF 函数，则可以有两个以上可能的值。

（2）AND(Logical1, Logical2, ⋯)函数。该函数的功能是如果所有参数值均为逻辑"真"(TRUE)，则返回逻辑"真"，反之返回逻辑"假"(FALSE)。Logical1, Logical2, ⋯ 表示待测试的条件值或表达式，最多 30 个。

（3）OR(Logical1, Logical2, ⋯)函数。该函数的主要功能是仅当所有参数值均为逻辑"假"时返回函数结果逻辑"假"，否则都返回逻辑"真"。Logical1, Logical2, ⋯ 表示待测试的条件值或表达式，最多 30 个。

5）查找与引用函数

（1）VLOOKUP(Lookup_Value, Table_Array, Col_Index_Num, Range_Lookup)函数。该函数的主要功能是在数据表的首列查找指定的数值，并由此返回数据表当前行中指定列处的数值。

Lookup_Value 代表需要查找的数值，Table_Array 代表需要在其中查找数据的单元格区域，Col_Index_Num 为在 Table_Array 区域中待返回的匹配值的列序号（当 Col_Index_Num 为 2 时，返回 Table_Array 第 2 列中的数值，为 3 时，返回第 3 列的值），Range_Lookup 为一个逻辑值，如果为 TRUE 或省略，则返回近似匹配值，也就是说，如果找不到精确匹配值，则返回小于 Lookup_Value 的最大数值。如果为 FALSE，则返回精确匹配值，如果找不到，则返回错误值#N/A。

特别需要注意的是，Lookup_Value 参数必须在 Table_Array 区域的首列中，如果忽略 Range_Lookup 参数，则 Table_Array 的首列必须进行排序。

（2）HLOOKUP(Lookup_Value, Table_Array, Row_Index_Num, Range_Lookup)函数。该函数的主要功能是在数据表的首行查找指定的数值，并由此返回数据表当前列中指定行处的数值。

Lookup_Value 代表需要查找的数值，Table_Array 代表需要在其中查找数据的单元格区域，Row_Index_Num 为在 Table_Array 区域中待返回的匹配值的行序号（当 Row_Index_Num 为 2 时，返回 Table_Array 第 2 行中的数值，为 3 时，返回第 3 行的值），Range_Lookup 为一逻辑值，如果为 TRUE 或省略，则返回近似匹配值，也就是说，如果找不到精确匹配值，则返回小于 Lookup_Value 的最大数值。如果为 FALSE，则返回精确匹配值，如果找不到，则返回错误值 #N/A。

特别需要注意的是，Lookup_Value 参数必须在 Table_Array 区域的首行中；如果忽略 Range_Lookup 参数，则 Table_Array 的首行必须进行排序。

【任务实施】

任务 1 中创建了四个工作表，工作表中未输入的数据全部需要通过公式和函数功能计算得到。本部分将通过 Excel 的公式和函数功能完成工作表中数据的输入。具体要求如下：

1．完善"游客档案表"

(1) 在 E3:E22 单元格区域中计算游客的出生日期，"出生日期"从游客的身份证号码中提取，要求出生日期的格式为"****年**月**日"。

(2) 在 F3:F22 单元格区域中计算游客的年龄，"年龄"为当前年份与出生年份的差值。

(3) 在 G3:G22 单元格区域中计算游客的年龄段，将游客的年龄段大致分为：未成年(0～17)、青年(18～35)、中年(36～59)、老年(大于或等于 60)四段。

(4) 在 H3:H22 单元格区域中判断游客是否为男青年。

2．完善"满意度调查表"

(1) 在 F3:F22 单元格区域中计算每个游客为关帝庙景区满意度评分的总得分，三个景区的占比分别为 50%、30% 和 20%，要求结果保留一位小数。

(2) 在 G3:G22 单元格区域中计算各游客的得分在所有游客得分中的排位。

(3) 根据"得分"在 H3:H22 单元格区域中计算游客对景区的满意度总体评价，评价结果分为满意(大于等于 80 分)、一般(60～80)和不满意(小于 60)三种。

(4) 在 C23:F23 单元格区域中计算各组分值的平均值，要求保留一位小数。

(5) 在 C24:F24 单元格区域中计算各组分值的最大值。

(6) 在 C25:F25 单元格区域中计算各组分值的最小值。

(7) 在 C26:F26 单元格区域中统计参与评分的人数。

(8) 在 C27:F27 单元格区域中统计各组评分结果为满意(分值大于等于 60)的人数。

(9) 在 C28:F28 单元格区域中计算各组评分结果为满意的人数所占的百分比，要求以百分比格式显示。

3．在"游客档案信息查询"根据游客的序号查询游客的其他信息

(1) 在 B2 单元格中输入某游客的序号，在 B3:B8 单元格中根据序号查询游客的其他信息，游客的信息为"游客档案表"中的数据。

(2) 修改 B2 单元格中游客的序号，观察游客其他信息的变化。

(3) 在第三行其他列的单元格中输入其他游客的序号查询其他游客的档案信息，生成一个游客档案信息查询表。

4．在"调查结果统计表"中根据表格中的条件统计游客对各个景区各种满意度的人数

在 C2:C16 单元格区域中计算游客对某景区某种满意程度的人数，如 C2 中是对关帝庙景区非常满意(评分大于等于 90 小于 100)的人数。

实施思路

1. 完善"游客档案表"

先计算第一个游客的数据，然后通过复制公式的方法计算其他游客的数据。

(1) 使用文本处理函数 MID 和运算符"&"完成计算。

(2) 使用 MID 函数从身份证号码中提取出生年份，使用 TODAY 函数和 YEAR 函数计算当前年份，二者相减得到年龄。

(3) 使用 IF 函数，根据条件判断。

(4) 使用 AND 函数判断游客的性别为"男"和年龄段为"青年"是否同时成立。

2. 完善"满意度调查表"

先计算第一个游客的数据，然后通过复制公式的方法计算其他游客的数据。

(1) 使用公式计算"得分"。

(2) 使用 RANK 函数计算排位，注意数据区域的单元格引用方式。

(3) 使用 IF 函数，根据条件判断。

(4) 使用 AVERAGE 函数计算。

(5) 使用 MAX 函数计算。

(6) 使用 MIN 函数计算。

(7) 使用 COUNT 函数计算。

(8) 使用 COUNTIF 函数计算。

(9) 使用(8)中的 COUNTIF 函数的计算结果除以(7)中的 COUNT 函数的计算结果，并设置为百分比格式。

3. 在"游客档案信息查询"根据游客的序号查询游客的其他信息

使用 VLOOPUP 函数完成查询，注意跨表引用方式的使用。

4. 在"调查结果统计表"根据表格中的条件统计游客对各个景区各种满意度的人数

使用 COUNTIFS 函数，使用两组区域和条件进行统计。

任务 3　图表、数据管理与分析

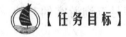
【任务目标】

知识目标

了解电子表格处理软件 Excel 2016 中各类图表、数据清单、排序、筛选、分类汇总、数据透视表、数据透视图等的作用。

技能目标

掌握根据数据生成图表的方法，掌握应用排序、筛选、分类汇总、数据透视表等方法对数据进行管理和分析的方法。

素质目标

通过数据管理、分析和可视化的实践过程，培养学生解决问题的能力，提升学生团结协作能力和沟通的能力，形成创新能力和创新意识、建立计算机信息素养和积极的创新情感，积淀中华优秀传统文化底蕴，升华服务社会的责任感和使命感。

 【任务描述】

在实际应用中，用户经常需要将数据形象化地展示，还要对批量数据进行如排序、筛选、分类汇总等操作以得到更有价值的信息，使用 Excel 2016 提供的图表和数据管理与分析功能可以完成本部分任务。

本任务是生成图表形象化地展示数据，应用排序、筛选、分类汇总、数据透视表等功能对数据进行管理和分析，得到更有价值的信息。

 【相关知识】

一、图表

图表是 Excel 最常用的对象之一，它依据选定工作表单元格区域内的数据按照一定的数据系列生成，是工作表数据的图形表示方法。与工作表相比，图表能更直观、形象地反映出数据的对比关系及趋势，利用图表可以将抽象的数据形象化，用户一目了然。当数据源发生变化时，图表中对应的数据也自动更新。

1. 图表类型

Excel 2016 提供 15 类图表类型，每一类又有若干种子类型，并且有很多二维和三维图表类型可供选择。常用的图表类型有以下几种：

1) 柱形图

柱形图用于显示一段时间内数据变化或各项之间的比较情况。柱形图简单易用，是最受欢迎的图表形式。

2) 折线图

折线图是将同一数据系列的数据点在图中用直线连接起来，以等间隔显示数据的变化趋势。

3) 饼图

饼图能够反映出统计数据中各项所占的百分比或是某个单项占总体的比例。使用饼图便于查看整体与个体之间的关系。

4) 条形图

条形图可以看作是横着的柱形图，是用来描绘各个项目之间数据差别情况的一种图表，它强调的是在特定的时间点上进行分类和数值比较。

5) 面积图

面积图用于显示某个时间阶段总数与数据系列的关系，又称为面积形式的折线图。

6) XY 散点图

XY 散点图通常用于显示两个变量之间的关系。利用散点图可以绘制函数曲线。

利用数据创建图表时，要依照具体情况选用不同的图表。例如，若商场主管要了解商场每月的销售情况，他关心的是变化趋势，而不是具体的值，用折线图就一目了然；如果要分析各大彩电品牌在商品中的占有率，应该选用饼图，表明部分与整体之间的关系。了解 Excel 常用的图表及其用途，正确选用图表，可以使数据变得更加简单、清晰。

2. 创建图表

Excel 的图表分为嵌入式图表和独立工作表图表两种。嵌入式图表是图表对象和数据表在同一个工作表中，独立工作表图表是图表对象独占一个工作表。两种图表都与创建它们的数据源相连接，当修改工作表数据时，图表也会随之更新。

在 Excel 2016 中，创建图表的具体操作步骤如下：

(1) 选择要创建图表的数据源。

(2) 单击"插入"选项卡的"图表"组中对应图表类型的下拉按钮。

(3) 在下拉列表中选择具体的图表类型。

也可以在"图表"组中选择"推荐的类型"使用系统推荐的图表类型。

3. 编辑和格式化图表

创建图表后，图表可能不完全符合要求，用户还需要对图表进行编辑或格式化，包括更改图表类型、数据和图表样式等。选中图表后，会自动出现"图表工具"选项卡，其中包括"设计"和"格式"两个选项卡。编辑和格式化图表可以通过选择"图表工具"中的相应命令按钮来实现。

1) "设计"选项卡

"设计"选项卡中包含以下内容：

(1) 添加图表元素：可以添加或编辑坐标轴、坐标轴标题、图表标题、数据标签、数据表、网格线、图例等图表元素。

(2) 快速布局：系统提供包含固定图表元素的图表布局格式，用户可以自由选择。

(3) 更改颜色：可以更改图表中数据系列的颜色。

(4) 图表样式：可以为图表应用内置样式。

(5) 切换行/列：可以将图表的 X 轴数据和 Y 轴数据对调。

(6) 选择数据：打开"选择数据源"对话框，可以在其中编辑、修改系列和分类轴标签。

(7) 更改图表类型：可以重新选择合适的图表类型。

(8) 移动图表：可以将图表移动到其他工作表中或移动到一个新的工作表中作为独立工作表图表。

2) "格式"选项卡

"格式"选项卡中主要包含以下内容：

(1) 设置所选内容格式：可以在"当前所选内容"组中快速定位图表元素，并设置所选内容格式。

(2) 插入形状：可以插入文本框、线条等形状，也可以更改形状。

(3) 形状样式：可以套用快速样式，设置形状填充、形状轮廓及形状效果等。

(4) 艺术字样式：可以快速套用艺术字样式，设置艺术字颜色、外边框或艺术效果等。

(5) 排列：可以排列图表元素的对齐方式、叠放次序，设置组合、旋转等。

(6) 大小：可以设置图表的宽度和高度，裁剪图表等。

在 Excel 2016 中，可以使用组合键 Ctrl＋T 美化图表。

二、数据管理与分析

Excel 不仅具有数据计算处理的能力，还具有强大的数据库管理功能。它可以方便地组织、管理和分析大量数据，例如对数据库中的数据进行排序、筛选、分类汇总和创建数据透视表等统计分析操作。

1. 数据清单

要使用 Excel 的数据管理功能，首先必须在工作表中创建数据清单。在 Excel 中，数据清单是包含相关数据的一些数据行构成的矩形区域，是一张二维表。可以把"数据清单"看成是简单的数据库表，其中行作为数据库的记录，列作为字段，列标题作为数据库的字段名。借助数据清单，可以实现数据库中的排序、筛选、分类汇总等数据管理功能。

数据清单必须包括列标题和数据两个部分。要正确创建数据清单，应遵循以下原则：

(1) 避免在一张工作表中建立多个数据清单。如果工作表中还有其他数据，要在它们与数据清单之间留出空行或空列。

(2) 通常在数据清单的第一行建立列标题(字段名)，列标题名唯一，且同一字段的数据类型必须相同。例如字段名是"姓名"，则该列存放的必须全部是姓名。

(3) 数据清单中不能有空行或空列。

(4) 数据清单中不能有完全相同的两行记录。

(5) 单元格中数据的对齐方式可以用"单元格格式"命令来设置，不能用输入空格的方法调整。

2. 数据排序

在实际应用中，为了方便查找和使用数据，用户通常会按一定顺序对数据进行排列。排序是组织数据的基本手段之一，通过排序可以将表格中的数据按字母顺序、数值大小、时间顺序等进行排列。用来排序的字段称为"关键字"，排序时可以根据关键字的值按照升序(递增)或降序(递减)两种方式进行排序。

1) 简单排序

排序依据是一个关键字时称为简单排序，进行简单排序的操作步骤如下：

(1) 在数据清单中单击作为排序依据的关键字列中的某个单元格。

(2) 单击"数据"选项卡的"排序和筛选"组中的"升序"按钮 或"降序"按钮 。也可以通过单击"数据"选项卡的"排序和筛选"组中的"排序"按钮 ，打开"排序"对话框，在其中进行相应的设置。

需要强调的是，排序是对数据清单中的记录进行排序，而不是对某列进行排序。

2) 高级排序

排序依据是两个或两个以上关键字时称为高级排序。如果在排序时遇到作为排序依据的关键字值相同的情况，就需要确定作为排序依据的第二关键字，甚至第三关键字。应用高级排序功能排序的操作步骤如下：

(1) 单击数据清单中任一单元格(或者选中待排序的数据区域)。

(2) 单击"数据"选项卡的"排序和筛选"组中的"排序"按钮 $\boxed{\begin{smallmatrix}A\\Z\end{smallmatrix}}$，打开"排序"对话框，如图 3-19 所示。

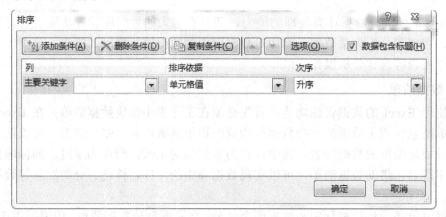

图 3-19　"排序"对话框

(3) 选择主要关键字，确定排序依据和次序。单击"添加条件"按钮，选择次要关键字，确定排序依据和次序。如果需要第三个排序依据可再次"添加条件"并进行相应设置。

(4) 单击"确定"按钮。

"排序"对话框中的"数据包含标题"复选框是为了避免字段名成为排序对象；"选项"按钮用来打开"排序选项"对话框，进行一些与排序无关的设置；"删除条件"按钮用来删除不合适的条件；"复制条件"按钮用来添加一个和上一个条件相同的条件，适当更改后成为一个新的条件。

3. 数据筛选

如果数据清单中的数据较多，而用户只关注部分数据时，可以设置条件应用数据筛选功能隐藏数据清单中不满足条件的记录，而只显示满足某种条件的记录。不满足条件的记录只是被暂时隐藏起来，并未被删除，一旦筛选条件被清除时，这些记录会重新出现。

Excel 提供了自动筛选和高级筛选两种方式。

1) 自动筛选

自动筛选可以实现单个字段筛选和多个字段筛选的"逻辑与"(同时满足多个条件)关系。自动筛选适合简单条件的筛选，按照选定内容自定义筛选，能满足大部分应用需求。

应用自动筛选功能的操作步骤如下：

(1) 单击数据清单中任一单元格。

(2) 单击"数据"选项卡的"排序和筛选"组中的"筛选"按钮 ，这时，在各个字段名的右边会出现筛选按钮。

(3) 单击需要筛选的字段名后的筛选按钮，会出现一个下拉选择框，其中列出了"升序""降序""按颜色筛选""数字筛选"及当前字段所有值等内容。用户可以根据需要进行适当的选择，也可在"数字筛选""按颜色筛选"等选项的下一级菜单中设置筛选条件。

如果要取消筛选结果，只需要再次单击"数据"选项卡的"排序和筛选"组中的"筛选"按钮即可。

2) 高级筛选

自动筛选能实现多个字段筛选的"逻辑与"关系，但不能实现多个字段筛选的"逻辑或"关系(多个条件至少满足一个)。高级筛选既可以实现多个字段筛选的"逻辑与"关系，也可以实现多个字段筛选的"逻辑或"关系。

在进行高级筛选时，字段名右边不会出现筛选按钮，而是需要在数据清单以外构造一个条件区域。条件区域应建立在数据清单之外，用空行或空列与数据清单分隔。输入筛选条件时，首行输入条件字段名，从下一行开始输入筛选条件，输入在同一行的条件关系为"逻辑与"，输入在不同行上的条件关系为"逻辑或"。筛选结果既可以在原位置显示也可以在数据清单以外的位置显示。

应用高级筛选功能的操作步骤如下：

(1) 在数据清单之外选择一个空白区域构造条件。

(2) 单击数据清单中任一单元格。

(3) 单击"数据"选项卡的"排序和筛选"组中的"高级"按钮 ，打开如图 3-20 所示的"高级筛选"对话框，在对话框中进行相应设置。

图 3-20　"高级筛选"对话框

(4) 单击"确定"按钮。

如果要清除筛选结果，可以通过单击"数据"选项卡的"排序和筛选"组中的"清除"按钮 来实现。

4. 数据分类汇总

实际应用中经常会用到分类汇总，如商店的销售管理经常要统计各类商品的储存数量，教师要经常统计各班学生的课程平均分等。分类汇总就是对数据清单按某个字段进行分类，将字段值相同的连续记录作为一类，进行求和、求平均值、计数、求最大值、求最小值等汇总运算。针对同一个分类字段，可以进行多种方式的汇总。分类汇总可以使数据清单中的大量数据更明确化和条理化。

需要注意的是，在分类汇总之前，必须按分类字段进行排序，否则得不到正确的分类汇总结果。在分类汇总时分类字段和汇总方式的选择都必须在"分类汇总"对话框中设置。

分类汇总的操作步骤如下：

1) 排序

以分类依据字段为关键字，对数据清单进行排序，升序或降序均可。

2) 分类汇总

(1) 单击数据清单中任一单元格。

(2) 单击"数据"选项卡的"分级显示"组中的"分类汇总"按钮 ，打开如图3-21 所示的"分类汇总"对话框。

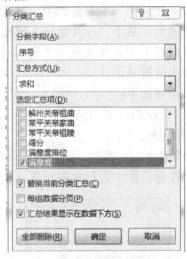

图 3-21　"分类汇总"对话框

(3) 打开"分类字段"下的列表，选择分类字段；打开"汇总方式"下拉列表，选择汇总方式；在"选定汇总项"列表中，选择分类汇总的计算对象。

如果之前有分类汇总的结果，则需选择"替换当前分类汇总"复选框；如果不在原来位置显示汇总结果，则需选择"汇总结果显示在数据下方"复选框。

(4) 单击"确定"按钮。

如果要取消分类汇总结果，需要再次打开"分类汇总"对话框，单击"全部删除"按钮。

5. 数据透视表

分类汇总适合按一个字段进行分类，对一个或多个字段进行汇总。如果要对多个字段进行分类汇总，就需要利用数据透视表，统计时的数据源必须是数据清单。

1) 创建数据透视表

创建数据透视表的操作步骤如下：

(1) 单击数据清单中的任一单元格。

(2) 单击"插入"选项卡"表格"组中的"数据透视表"，打开"创建数据透视表"对话框，也可以选择"推荐的数据透视表"。

(3) 确认要统计分析的数据范围。如果系统默认的单元格区域选择不正确，用户可以自己重新选择单元格区域。

(4) 确认数据透视表的放置位置，既可以放在新建表中，也可以放在现有的工作表中。确定位置后单击"确认"按钮。此时出现"数据透视表字段"任务窗格。如图 3-22 所示。

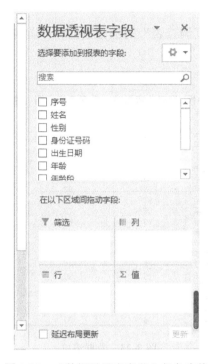

图 3-22　"数据透视表字段"任务窗格

(5) 确定分类字段、汇总字段和汇总方式。在字段列表中将要作为筛选、行字段、列字段、数值的字段名依次拖入对应的区域。

(6) 修改数值

默认情况下，数据项如果是非数字型字段则对其计数，否则求和。可以单击"数值"区域中字段名后的下拉按钮，打开"值字段设置"对话框中修改值汇总方式、值显示方式和数字格式等。

2) 编辑和格式化数据透视表

创建好的数据透视表可能不完全符合要求，还需要对其进行编辑或格式化，包括更改数据透视表类型、数据和样式等。选中数据透视表后，会自动出现"数据透视表工具"选项卡，其中包括"分析"和"设计"两个选项卡。编辑和格式化数据透视表可以通过选择"数据透视表工具"中的相应命令按钮来实现。

(1) "分析"选项卡。在"分析"选项卡中可以更改数据透视表的名称，更改数据源，移动数据透视表，显示或隐藏字段列表、字段标题等操作。

(2) "设计"选项卡。在"设计"选项卡中可以更改数据透视表的布局、套用数据透视表样式等格式化操作。

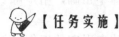【任务实施】

为了进一步掌握游客对关帝庙各景区的满意度,对"满意度调查表"和"游客档案表"中的数据进行统计分析。本部分将通过 Excel 的图表、排序、筛选、分类汇总和数据透视表功能分析数据。

分析的数据源由"满意度调查表"的部分数据和"游客档案表"的部分数据构成。数据清单如图 3-23 所示。

序号	姓名	性别	年龄段	解州关帝祖庙	常平关帝家庙	常平关帝祖陵	得分	满意度
YK00001	任丹丹	女	中年	87	88	63	82.5	满意
YK00002	黄峰刚	男	中年	96	72	83	86.2	满意
YK00003	封凯祥	男	青年	83	86	85	84.3	满意
YK00004	胡勇	男	中年	87	96	73	86.9	满意
YK00005	唐巧珍	女	中年	72	93	74	78.7	一般
YK00006	张红静	女	老年	75	98	80	82.9	满意
YK00007	杜洋洋	女	中年	69	88	64	73.7	一般
YK00008	韩艳玲	女	中年	68	92	72	76.0	一般
YK00009	李响	男	中年	97	90	65	88.5	满意
YK00010	蔡文	女	老年	58	79	90	70.7	一般
YK00011	马丽娟	女	中年	79	86	87	82.7	满意
YK00012	李晓	女	老年	80	98	79	85.2	满意
YK00013	李贺贺	男	中年	83	73	86	80.6	满意
YK00014	胡丽梅	女	中年	83	86	59	79.1	一般
YK00015	李思坤	男	青年	85	85	83	84.6	满意
YK00016	连永峰	男	青年	86	80	58	78.6	一般
YK00017	赵洋	男	中年	87	82	46	77.3	一般
YK00018	刘琪	男	中年	90	82	79	85.4	满意
YK00019	张宇	男	中年	95	74	48	79.3	一般
YK00020	白玉娟	女	中年	96	90	68	88.6	满意

图 3-23　数据清单

数据分析和统计的具体要求如下:

1. 排序

按照"解州关帝祖庙"分值降序排序,分值相同时按照"常平关帝祖庙"分值降序排序。

2. 筛选

1) 自动筛选

应用"自动筛选"功能筛选出对关帝庙景区综合评价的满意度为"满意"的中年男性的记录。

2) 高级筛选

应用"自动筛选"功能筛选出对关帝庙景区的任意景点评分大于等于 90 分的女性游客的记录。

3. 分类汇总

应用"分类汇总"功能汇总出各年龄段游客对关帝庙景区各个景点评分的平均值。

4．图表

以分类汇总结果为数据源，生成一个簇状柱形图，形象化地展示各年龄段游客对关帝庙景区三个景点的评分数据。要求图表标题位于上方，内容为"关帝庙景区评分图"，主要横坐标标题为"年龄段"，图例显示在右侧、形状样式为"细微效果-金色，强调颜色 4"，并设置图表绘图区的形状填充为纹理"水滴"。自行设置其他格式，使得图表更美观。生成的图表如图 3-24 所示。

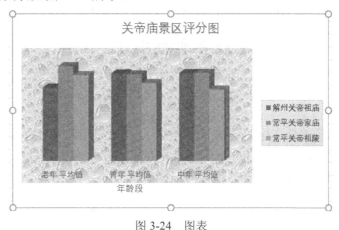

图 3-24　图表

5．数据透视表

应用"数据透视表"统计各年龄段的男女游客对解州关帝庙各种满意度的人数。要求数据透视表位于一个新工作表中。生成的数据透视图如图 3-25 所示。

图 3-25　数据透视表

实施思路

首先在一个新工作表中构造数据清单，并根据需要复制，完成数据分析和统计操作。

1) 排序

要针对两个字段排序，选择高级排序功能实现。

2) 筛选

(1) 自动筛选，对多个字段筛选逐个单击字段名后的下拉箭头。

(2) 高级筛选，构造条件区域，第一行为字段名，每一行都需要有性别为女的条件，其他三个条件为或者的关系分写在三行。

3) 分类汇总

首先按照"年龄段"字段进行排序，然后进行分类汇总。

4) 图表

首先单击汇总结果工作表行标题左侧的减号，只显示汇总结果，然后插入图表并按要求进行编辑和格式化操作。

5) 数据透视表

在"数据透视表字段"任务窗格中将"性别"拖入报表筛选区域，"满意度"拖入行标签区域，"年龄段"拖入列标签区域，"解州关帝庙"拖入数值区域。

综合实验项目

 【任务描述】

为了进一步弘扬关公文化，运城市盐湖区关公文化研究中心组织了运城市解州关帝庙网站(http://www.guandimiao.com.cn/default.html)"关公文化"栏目中相关知识的竞赛，参赛选手信息和知识竞赛成绩使用 Excel 进行处理。

 【任务实施】

1. 创建工作簿

创建一个名为"关公文化知识竞赛"的工作簿文件，创建一个名为："关公文化知识竞赛统计表"的工作表。输入该工作表的数据，并对其进行格式化，数据及格式化效果如图 3-26 所示。

序号	考号	姓名	性别	年龄	单位性质	所在城区	关公信仰	文物景点	关公影视	关公故事	文化交流	文物保护	平均分	名次	获奖等级
CSXS0001	1969:101	张新兰	男		企业	东城	85	88	89	75	90	85			
CSXS0002	19760401	薛惠泉	男		事业	西城	55	78	89	74	67	85			
CSXS0003	19680122	吕佳斌	女		国家机关	南城	56	79	62	65	68	72			
CSXS0004	19720331	秦伊芳	女		其他	东城	77	74	69	91	83	79			
CSXS0005	19780911	刘士伟	男		事业	开发区	90	88	89	85	92	93			
CSXS0006	19710523	李晶	女		国家机关	西城	90	79	76	78	82	73			
CSXS0007	19740412	孙斌	男		企业	北城	87	65	79	84	75	80			
CSXS0008	19731004	赵慧超	女		其他	南城	87	89	90	97	96	93			
CSXS0009	19840702	孙新平	男		事业	东城	79	78	90	80	81	84			
CSXS0010	19900105	耿婷	女		企业	开发区	81	67	90	78	80	87			
CSXS0011	19711016	胡光桃	女		其他	东城	61	67	53	61	63	49			
CSXS0012	19770405	郎东辉	男		其他	东城	92	98	91	82	89	95			
CSXS0013	19791127	符雨琴	女		事业	西城	69	76	89	91	64	52			
CSXS0014	19801204	赵振平	男		企业	南城	79	87	89	90	93	95			
CSXS0015	19780302	韩社虎	男		国家机关	北城	80	46	88	54	90	85			
CSXS0016	19731018	秦平安	男		事业	西城	80	65	78	90	84	65			
CSXS0017	19830313	李钦梅	男		企业	庐城	69	86	87	84	76	79			
CSXS0018	19780603	李林平	女		其他	北城	68	67	80	45	65	70			
CSXS0019	19781009	庞刚	男		事业	东城	84	78	87	75	80	73			
CSXS0020	19791110	王梦	女		事业	南城	76	75	77	79	80	90			
成绩统计					最高分										
					最低分										
					平均分										
					优秀率										
					及格率										
各等级人数					优										
					良										
					中										
					及格										
					不及格										
总人数															

图 3-26　"关公文化知识竞赛统计表"工作表数据

具体要求如下：

(1) "序号"列的数据采用先输入"CSXS0001"，然后用填充数据的方法实现。"单位性质"列数据使用"数据验证"功能提供下拉箭头进行选择。

(2) 根据图 3-26 的所示的效果设置各部分的"合并后居中"效果，如表格标题在单元格区域 A1:P1 范围内合并后居中显示。

(3) 设置所有数据的水平对齐方式为居中，所有行的行高为"自动调整行高"，所有列的列宽为"自动调整列宽"。

(4) 自行设置各区域的数字、字体、边框和填充格式，使表格清晰美观。

(5) 使用条件格式将所有竞赛成绩大于等于 90 分的成绩的格式设置为：红色、加粗、填充色为"黄色"。

2. 使用公式和函数完善表格数据

按以下要求在"关公文化知识竞赛统计表"的相应位置进行计算操作，完善表格数据。

(1) 计算参赛选手的年龄。参赛选手的考号由出生年月日组成，前四位为出生年份。根据参赛选手的考号计算其年龄。

(2) 使用函数计算每个参赛选手成绩的平均分，保留两位小数。

(3) 使用函数分别计算每个栏目及其平均分的最高分、最低分和平均分，平均分保留两位小数。

(4) 使用函数并依据"姓名"列的数据计算参加竞赛的总人数。

(5) 使用函数计算每个栏目和平均分的优(≥90)、良(≥80 且＜90)、中(≥70 且＜80)、及格(≥60 且＜70)的人数和不及格(＜60)的人数。

(6) 使用公式并依据等级为"优"的人数和总人数计算每个栏目和平均分的优秀率，以百分数形式显示。

(7) 使用公式并依据等级为"不及格"的人数和总人数，计算每个栏目和平均分的及格率，及格率为 1 减去不及格率，以百分数形式显示。

(8) 使用函数依据"平均分"计算每个参赛选手的名次。

(9) 使用函数依据"平均分"评出获奖等级，共三个奖项：一等奖(≥90)、二等奖(85～90)和三等奖(80～85)。

(10) 创建一个名为"选手信息查询"的工作表，以"关公文化知识竞赛统计表"为数据源，根据"序号"查询参赛选手的考号、姓名、性别、年龄、单位性质、所在城区和获奖等级等数据。

3. 数据管理与分析

1) 创建"成绩分布图"工作表

(1) 在 A1 单元格中输入"项目"，A2 单元格中输入"优"，A3 单元格中输入"良"，A4 单元格中输入"中"，A4 单元格中输入"及格"，A5 单元格中输入"不及格"。

(2) 复制"关公文化知识竞赛统计表"中单元格区域 H3:N3 的数据，粘贴到"成绩分布图"工作表中 B1:H1 区域。

(3) 使用跨表引用单元格数据的方法，将"关公文化知识竞赛统计表"中所有栏目成绩及其平均分的各等级人数显示到"成绩分布图"工作表中的相应位置。

(4) 以"项目"和"平均分"为数据源创建折线图,将其显示在单元格区域 A8:H24 中。

(5) 为图表添加标题"成绩分布图",显示在图表上方;设置主要横坐标轴标题为"等级",将其显示在图表下方;设置主要纵坐标轴标题的格式为竖排标题,标题内容为"人数",在右侧显示图例

(6) 设置"平均分"数据系列的样式为"平滑线",其他格式自行设置。

(7) 在图表中添加其他栏目数据系列,并对其进行格式化。

2) 创建"数据排序"工作表

复制"关公文化知识竞赛统计表"中 A3:N23 区域的数据到该工作表中,在该工作表中按照"性别"升序排序,相同性别按照"平均分"降序排序。

3) 创建"自动筛选"工作表

复制"关公文化知识竞赛统计表"中 A3:N23 区域的数据到该工作表中,在该工作表中筛选出中事业单位选手中平均成绩大于等于 80 分的选手记录。

4) 创建"高级筛选"工作表

复制"关公文化知识竞赛统计表"中 A3:N23 区域的数据到该工作表中,在该工作表中筛选出至少有一个栏目成绩大于等于 90 的企业选手记录。

5) 创建"分类汇总"工作表

复制"关公文化知识竞赛统计表"中 A3:N23 区域的数据到该工作表中,在该工作表中汇总出各个城区各个栏目成绩和平均分的平均值。

6) 根据汇总结果中的"所在城区"和"平均分"生成一个三维簇状柱形图,自行进行其他设置使其美观

7) 以"数据排序"工作表数据为数据源,使用数据透视表统计各城区各类单位男选手和女选手的人数。具体要求如下:

(1) 统计结果显示在名为"数据透视表"的新工作表中。

(2) 以"性别"为筛选项,"所在城区"为行标签,"单位性质"为列标签,"姓名"为数据计数项。

(3) 对数据透视表进行格式化使其美观。

项目四　演示文稿制作软件 PowerPoint 2016

PowerPoint 2016 是 Microsoft Office 2016 的组件之一，主要用于制作和播放集文本、表格、图表、图形、图像、音频和视频等多媒体元素于一体的演示文稿，它能将所要表达的信息组织在图文并茂的画面中来展示。

PowerPoint 的应用领域越来越广泛，无论在办公管理、日常应用还是企业管理中都随处可见。课堂讲授、工作汇报、产品展示、项目介绍、推广宣传等活动中需要 PowerPoint 的技术支持；一些简单的平面设计、动画制作甚至电子杂志设计都可以借助 PowerPoint 来实现。

任务 1　PowerPoint 2016 的基本操作

 **【任务目标】**

知识目标

(1) 了解 PowerPoint 2016 的基本要素；
(2) 熟悉 PowerPoint 2016 的视图。

技能目标

(1) 掌握演示文稿的基本操作，包括新建、打开、保存和关闭等；
(2) 掌握幻灯片的基本操作，包括插入、选定、删除、隐藏、移动、复制和导入等；
(3) 掌握幻灯片的编辑操作，包括对象的插入、编辑和格式化等。

素质目标

进一步提升学生分析问题、解决问题的能力，学生团结协作能力和沟通能力，以及创新能力和创新意识，建立计算机信息素养和积极的创新情感，积淀中华优秀传统文化底蕴，升华服务社会的责任感和使命感。

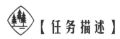 **【任务描述】**

关公文化源远流长，是中华民族传统文化的重要组成部分，在规范和造就中华民族传统美德诸方面曾产生过广泛而深远的影响。

本任务通过使用 PowerPoint 2016 制作一个演示文稿来充分展示关公文化。首先要了解 PowerPoint 2016 的基本操作，包括演示文稿和幻灯片的基本操作。

【相关知识】

一、PowerPoint 2016 的启动与退出

1. PowerPoint 2016 的启动

通常用以下三种方法来启动 PowerPoint 2016：

(1) 单击任务栏的"开始"按钮，打开"开始"菜单，指向"所有程序"，单击"PowerPoint 2016"，就可以启动 PowerPoint 2016。

(2) 双击桌面上的 PowerPoint 2016 快捷方式图标。

(3) 打开已有的 PowerPoint 文件。

2. PowerPoint 2016 的关闭

退出 PowerPoint 2016 可采用以下几种方法：

(1) 单击 PowerPoint 2016 窗口标题栏右侧的"关闭"按钮。

(2) 单击"文件"选项卡中的"关闭"命令。

(3) 按快捷键 Alt + F4 组合键。

二、PowerPoint 2016 基本要素

1. 演示文稿

PowerPoint 是演示文稿制作软件，利用 PowerPoint 2016 制作的文件称为演示文稿，其文件扩展名是".pptx"。

2. 幻灯片

幻灯片是组成演示文稿的基本单元。演示文稿中的每一页就是一张幻灯片，每张幻灯片之间既相互独立又相互联系。在幻灯片中可以插入文字、图像、表格、视频等多种对象，从而更生动直观地表达内容。

3. 幻灯片版式

幻灯片版式就是文字、图像、表格、视频等各种对象在幻灯片上的排列方式。

4. 占位符

占位符就是文字、图像、表格、视频等各种对象在幻灯片上的位置。新建一张幻灯片，或者选用幻灯片版式，都会在版面的空白位置上出现虚线矩形框，这种虚线矩形框就称为占位符。在占位符中可以插入文字、图像、音频或视频等对象。

三、PowerPoint 2016 的工作界面

启动 PowerPoint 2016 后，打开的窗口就是 PowerPoint 2016 的工作界面。PowerPoint

2016 界面主要由快速访问工具栏、标题栏、功能区、视图窗格、幻灯片窗格、备注窗格、状态栏和"视图"按钮组成，如图 4-1 所示。

图 4-1 PowerPoint 2016 的界面组成

1. 标题栏

标题栏位于工作界面的最顶端，中间部分用于显示当前文档名称和应用程序名称，右侧是窗口控制按钮，包括最小化、最大化/还原和关闭按钮。

2. 快速访问工具栏

快速访问工具栏位于界面左上角，用于放置经常使用的命令按钮。默认状态下显示"保存""撤销""恢复"和"从头开始"四个按钮图标，单击其后的下拉按钮，在下拉列表中选择相应的命令，即可将命令按钮添加到快速访问工具栏中，如图 4-2 所示。

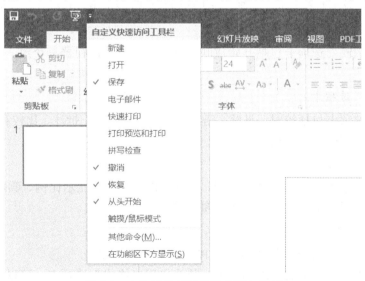

图 4-2 向快速访问工具栏中添加按钮

另外，在下拉列表中选择"在功能区下方显示"选项，可改变快速访问工具栏的位置。

3. 功能区

功能区一般位于标题栏的下方，由多个选项卡组成。每个选项卡中的按钮按照功能划分为不同的"组"。每个"组"中有多个命令按钮，有的命令按钮上有一个小黑三角，表示单击它会打开下拉列表；"组"的名称位于"组"的下方，有的"组"右下角有一个小按钮 ，称为对话框启动器按钮，单击它可以打开对话框或窗格。

在 PowerPoint 2016 中，功能区中的各个"组"会自动适应窗口的大小，有时会根据当前操作的对象自动出现相应的功能按钮。

1)"文件"选项卡

单击"文件"选项卡，即可打开"文件"菜单。其中包含了对文件的所有操作，如新建、打开、关闭、保存、另存为和打印等。

2)"开始"选项卡

打开 PowerPoint 2016 后，最先看到的就是"开始"选项卡。"开始"选项卡集成了 PowerPoint 2016 中最常用的命令，包括剪贴板、幻灯片、字体、段落、绘图和编辑六个组。

3)"插入"选项卡

"插入"选项卡包括幻灯片、表格、图像、插图、加载项、链接、批注、文本、符号和媒体 10 个组，主要用于在幻灯片中插入各种元素，例如图像、文本框、艺术字或符号等。

4)"设计"选项卡

"设计"选项卡包括主题、变体和自定义三个组，主要是对演示文稿进行美化。

5)"切换"选项卡

"切换"选项卡包括预览、切换到此幻灯片和计时三个组，主要用于幻灯片的切换效果设置。

6)"动画"选项卡

"动画"选项卡包括预览、动画、高级动画和计时四个组，主要用于对象的动画设置。

7)"幻灯片放映"选项卡

"幻灯片放映"选项卡包括开始放映幻灯片、设置和监视器三个组，主要用于幻灯片的放映设置。

8)"审阅"选项卡

"审阅"选项卡包括校对、见解、语言、中文简繁转换、批注、比较和墨迹 7 个组，主要用于校对、新建并编辑批注等。

9)"视图"选项卡

"视图"选项卡包括演示文稿视图、母版视图、显示、显示比例、颜色/灰度、窗口和宏 7 个组，主要用于切换视图、排列窗口等。

10)"PDF 工具集"选项卡

"PDF 工具集"选项卡包括导出为 PDF 和设置两个组。

另外，选中某个对象后，PowerPoint 就会出现"格式"选项卡，可以对该对象进行各种格式设置。

4. 状态栏

状态栏位于工作界面的最下方，显示当前演示文稿的各种信息。

5. "视图"按钮

PowerPoint 2016 提供了多种视图模式供用户选择，通过单击"视图"按钮可以在不同的视图模式之间进行切换。

四、认识 PowerPoint 2016 视图

视图是演示文稿在电脑屏幕中的显示方式。PowerPoint 2016 根据建立、编辑、浏览、放映幻灯片的需要，提供了 6 种视图模式，分别是普通视图、大纲视图、幻灯片浏览视图、阅读视图、幻灯片放映视图以及备注页视图。用户可以在"视图"选项卡中的"演示文稿视图"组中切换视图模式，如图 4-3 所示。

图 4-3　"视图"选项卡

1. 普通视图

普通视图是默认视图，也是主要的编辑视图，用于每一张幻灯片的详细编辑。该视图有三个工作区域：左侧是视图窗格，包含两个选项卡，即"幻灯片"选项卡和"大纲"选项卡，默认情况下显示的是"幻灯片"选项卡。"幻灯片"选项卡中显示了所有幻灯片的缩略图，单击某张缩略图可以查看该幻灯片的内容，并对该幻灯片进行详细设计。在"大纲"选项卡中，可以组织演示文稿的大纲。右侧为幻灯片窗格，以大视图显示当前幻灯片，用于每张幻灯片的详细设计。底部为备注窗格，用于为幻灯片添加注释说明。

2. 大纲视图

在大纲视图下，可以实现在大纲窗格中幻灯片之间的跳转，也可以通过将大纲从 Word 粘贴到大纲窗格来轻松地创建整个演示文稿。

3. 幻灯片浏览视图

在幻灯片浏览视图下，演示文稿以缩小的幻灯片形式，按顺序号自左至右、自上而下一行一行显示在演示文稿窗口中。每张幻灯片下方显示幻灯片的放映设置图标。在该视图下可以添加、删除或复制幻灯片，以及调整幻灯片的顺序，但不能对幻灯片的内容进行编辑。双击某一幻灯片缩略图可以切换到普通视图。

4. 阅读视图

阅读视图是将演示文稿作为适应窗口大小的幻灯片放映查看，在页面上单击，即可翻到下一页。该视图下的幻灯片只显示标题栏、状态栏和幻灯片的放映效果，因此阅读视图一般用于幻灯片的简单浏览。

5. 幻灯片放映视图

在幻灯片放映视图下，幻灯片将全屏幕放映。在该视图中，用户可以看到演示文稿的真实播放效果。

6. 备注页视图

用户如果需要以整页格式查看和使用备注，可以使用备注页视图。在这种视图下，一张幻灯片将被分成两部分，其中上半部分用于展示幻灯片的内容，下半部分则是用于添加备注。

五、演示文稿的基本操作

1. 创建演示文稿

创建演示文稿主要有以下几种方式：

1）创建空白演示文稿

空白演示文稿是界面中最简单的一种，没有主题、配色和动画等，只有版式。启动PowerPoint 2016 后，单击"空白演示文稿"，会自动创建一个空白演示文稿，默认名称为"演示文稿 1"。

如果在这种状态下继续创建新的演示文稿，单击"文件"选项卡中的"新建"命令，选择"空白演示文稿"，即可新建一个空白演示文稿；或者单击"快速访问工具栏"中的"新建"按钮进行创建。

另外，还可以在桌面空白处单击鼠标右键，在弹出的快捷菜单中选择"新建"命令，然后在其子菜单中选择"PPTX 演示文稿"命令，也可新建一个演示文稿。

2）通过"模板"新建演示文稿

"样本模板"能为各种不同类型的演示文稿提供模板和设计理念。单击"文件"选项卡中的"新建"命令，选择一种模板后单击，如图 4-4 所示，在新创建的演示文稿中用户仅需要做一些修改和补充即可。

图 4-4　基于模板创建演示文稿

3) 通过"主题"新建演示文稿

模板演示文稿注重内容本身，而主题模板侧重于外观风格设计。

单击"文件"选项卡中的"新建"命令，单击"主题"按钮，如图 4-5 所示，选择一种主题后单击，新创建的演示文稿中对幻灯片的背景样式、颜色、文字效果进行了各种搭配。

图 4-5　基于主题创建演示文稿

2. 打开演示文稿

对于已经存在并编辑好的演示文稿，在下一次需要查看或者编辑时，就先要打开该演示文稿。打开演示文稿的方法有以下几种：

(1) 单击"文件"选项卡中的"打开"命令，单击"浏览"按钮，找到需要打开的文件即可。

(2) 单击"文件"选项卡中的"最近"命令，可以显示最近使用过的文件名称，选择所需的文件即可打开该演示文稿。

(3) 双击演示文稿文件，可以自动运行 PowerPoint 2016 并打开演示文稿。

PowerPoint 2016 允许同时打开多个演示文稿。

3. 保存演示文稿

在制作演示文稿的过程中，可以一边制作一边保存，这样可以避免因为意外情况而丢失正在制作的演示文稿。保存演示文稿的方法有以下几种：

(1) 单击"文件"选项卡中的"保存"命令。如果是第一次保存，将显示"另存为"界面，单击"浏览"按钮，选择保存文件的位置，在"文件名"文本框中输入文件名，单击"保存"按钮即可保存该演示文稿，如图 4-6 所示；否则，系统将直接保存文档，不再显示"另存为"界面。

(2) 单击"快速访问工具栏"中的"保存"按钮。

(3) 按 Ctrl + S 组合键。

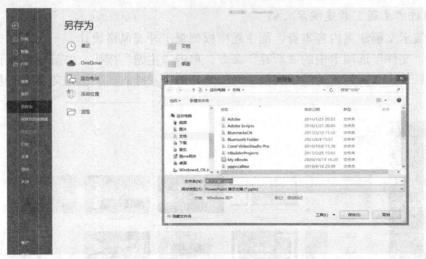

图 4-6　保存演示文稿

默认情况下，PowerPoint 2016 演示文稿的扩展名是".pptx"，如果要保存为".ppt"格式，可以在"另存为"对话框的"保存类型"列表中进行选择。

如果要将演示文稿重新命名保存，可以单击"文件"选项卡中的"另存为"命令，然后在弹出的"另存为"对话框完成保存操作。

PowerPoint 2016 还提供了自动保存功能，开启该功能后，PowerPoint 2016 每隔一定时间就会将所做的修改保存在一个独立的临时恢复文件中，即使突然断电或发生故障，只要重新启动 PowerPoint 就会自动恢复文件。设置自动保存演示文稿的方法是：单击"文件"选项卡中的"选项"命令，打开"PowerPoint 选项"对话框，单击"保存"选项，设置自动保存选项，单击"确定"按钮，如图 4-7 所示。

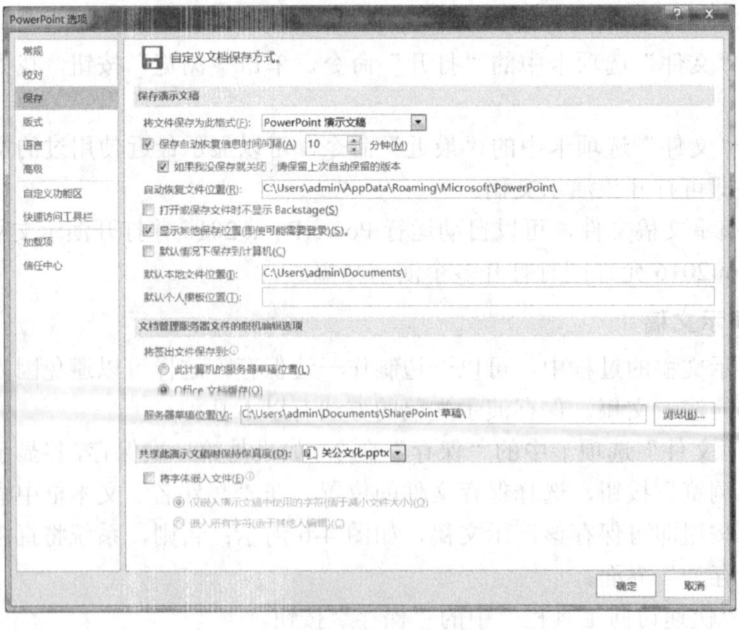

图 4-7　"PowerPoint 选项"对话框

4．关闭演示文稿

当用户不再对演示文稿进行操作时，就需要关闭此演示文稿。关闭演示文稿有以下几种方法：

(1) 单击"文件"选项卡中的"关闭"命令。

(2) 单击演示文稿窗口右上角的"关闭"按钮。

(3) 按 Ctrl + F4 组合键。

(4) 按 Ctrl + W 组合键。

5．保护演示文稿

当所制作的演示文稿属于机密性文件时，为防止他人查看，可使用密码将其保护起来。保护演示文稿有以下几种方法：

(1) 单击"文件"选项卡中的"信息"命令，打开界面，单击"保护演示文稿"下拉按钮，在下拉列表中选择"用密码进行加密"命令，如图 4-8 所示。打开"加密文档"与"确认密码"对话框，分别输入所设置的密码，然后单击"确定"按钮。

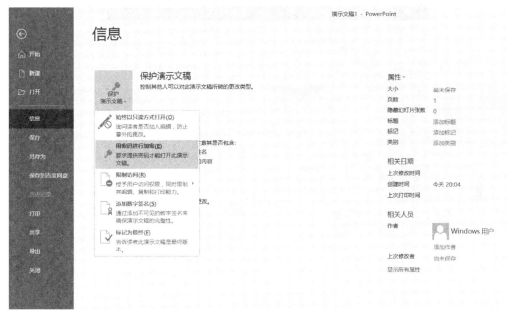

图 4-8　保护演示文稿

(2) 单击"文件"选项卡中的"另存为"命令，打开"另存为"对话框，单击"工具"下拉按钮，在下拉列表中选择"常规选项"，打开"常规选项"对话框。在"打开权限密码"与"修改权限密码"文本框中分别输入所设置的密码，然后单击"确定"按钮。

如果要取消密码保护，操作跟设置密码一样，不同的是，将所设置的密码删除即可。

六、幻灯片的基本操作

在 PowerPoint 中，所有文本、动画和图像等对象都是在幻灯片中进行操作的，幻灯片是组成演示文稿的基本单元。要想制作出优美且内容丰富的演示文稿，需要根据具体要求插入、复制、移动或删除幻灯片。

1. 插入幻灯片

一个完整的演示文稿通常由多张幻灯片组成。在"普通视图"或"幻灯片浏览视图"中都可以插入新幻灯片。插入幻灯片有以下几种方法：

(1) 单击"开始"选项卡的"幻灯片"组中的"新建幻灯片"按钮，这时将插入一张新的幻灯片。

(2) 单击"开始"选项卡的"幻灯片"组中的"新建幻灯片"下拉按钮，在下拉列表中有预设幻灯片的版式，单击某一版式后也可插入一张对应幻灯片。

(3) 在视图窗格中，单击鼠标右键，在弹出的菜单中选择"新建幻灯片"命令。

如果需要更改幻灯片的版式，选择幻灯片后，单击"开始"选项卡的"幻灯片"组中的"幻灯片版式"按钮，在展开的下拉列表中显示了多种版式，如图 4-9 所示，选择要更改的版式即可。

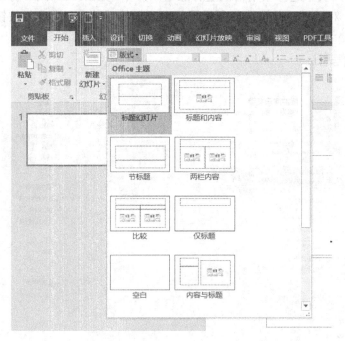

图 4-9　选择幻灯片版式

新幻灯片插入到演示文稿中以后，演示文稿中的幻灯片编号将自动改变。

2. 导入外部已有的幻灯片

不同的演示文稿之间复制幻灯片时，可以不打开要导入的幻灯片所在的演示文稿，通过将外部已有幻灯片导入到当前演示文稿中实现。导入外部已有幻灯片的步骤如下：

(1) 单击"开始"选项卡的"幻灯片"组中的"新建幻灯片"下拉按钮，在下拉列表中选择"重用幻灯片"，打开"重用幻灯片"任务窗格。

(2) 在"重用幻灯片"任务窗格中单击"浏览"按钮，在下拉列表中选择"浏览文件"选项，打开"浏览"对话框。在对话框中选择要导入的幻灯片所在的演示文稿，则该演示文稿中的所有幻灯片出现在"重用幻灯片"任务窗格中，如图 4-10 所示。

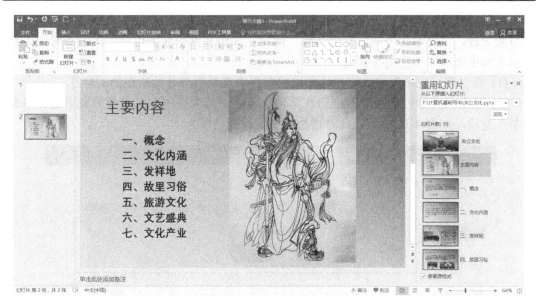

图 4-10　重用幻灯片

(3) 在"重用幻灯片"任务窗格中单击需要复制的幻灯片。

如果在"重用幻灯片"任务窗格中选择"保留源格式",重用的幻灯片将保持原来的格式,否则将使用当前演示文稿的主题格式。

3. 选择幻灯片

只有在选择了幻灯片后,用户才能对幻灯片进行编辑和各种操作。选择幻灯片主要有以下几种方法:

(1) 选择单张幻灯片:单击需要选择的幻灯片。

(2) 选择多张不连续幻灯片:按住 Ctrl 键的同时单击需要选择的幻灯片。

(3) 选择多张连续幻灯片:按住 Shift 键的同时单击需要选择的幻灯片。

4. 复制幻灯片

选择要复制的幻灯片,单击鼠标右键,选择"复制"命令,即可实现复制一个相同的幻灯片并放置在当前幻灯片后。

5. 移动幻灯片

选择要移动的幻灯片,单击鼠标右键,选择 "剪切"命令,在需要粘贴的位置单击鼠标右键,选择"粘贴"命令即可。选定幻灯片,直接将其拖动到目标位置后释放鼠标,也可以实现幻灯片的移动。

6. 删除幻灯片

删除幻灯片有以下两种方法:

(1) 选择要删除的幻灯片后,按 Delete 键。

(2) 选择要删除的幻灯片,单击鼠标右键,在快捷菜单中选择"删除幻灯片"命令。

7. 利用"节"管理幻灯片

信息过多,思想脉络不清晰,页面间的逻辑关系混乱,均关系到演示文稿制作的成功与否。了解并合理使用 PowerPoint 2016 中的"节",将整个演示文稿划分成若干个小节来管理,不仅有助于规划文稿结构,同时,编辑和维护起来也能大大节省时间。在演示文稿中增加"节"的步骤如下:

(1) 在"普通视图"或"幻灯片浏览视图"中选择新节开始所在的幻灯片。

(2) 单击"开始"选项卡的"幻灯片"组中的"节"按钮,在下拉列表中选择"新增节"选项,如图 4-11 所示,此时增加一个无标题"节"。

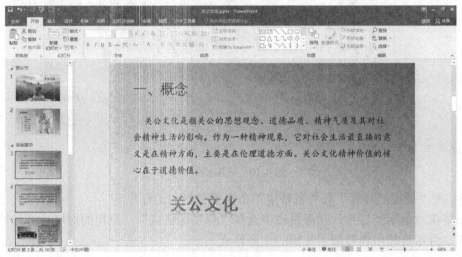

图 4-11　新增加的"节"

(3) 增加"节"之后,可以对节进行重命名。选择新增的无标题节,单击"开始"选项卡的"幻灯片"组中的"节"按钮,在下拉列表中选择"重命名节"选项,打开"重命名节"对话框,输入名称后,单击"重命名"按钮。

(4) 根据需要,可以增加多个节。单击其左侧的小三角形,节将折叠,再次单击,节将展开,如图 4-12 所示。

图 4-12　"节"的折叠与展开

可以进行删除节和移动节等操作。单击"开始"选项卡的"幻灯片"组中的"节"按钮，在下拉列表中选择相应的命令，或者在节的名称上单击鼠标右键，在快捷菜单中选择相应的命令。

对于已经设置好"节"的演示文稿，如果幻灯片和节比较多，可以在"幻灯片浏览"视图中进行浏览，这时幻灯片将以节为单位进行显示，可以更全面、更清晰地查看幻灯片之间的逻辑关系，如图 4-13 所示。

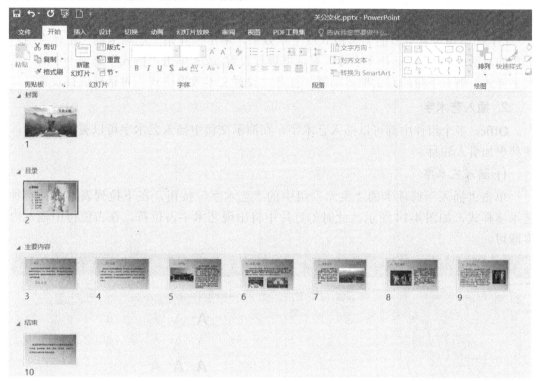

图 4-13　以节为单位显示的幻灯片

七、向幻灯片中插入对象

为了更加生动地对演示文稿中的内容进行说明，可以在演示文稿中插入图形、图片、表格、图表以及多媒体等。插入对象后，还可以对其进行各种格式设置，使演示文稿更加美观大方，演示效果更加吸引人。

1. 插入文本

1) 在占位符中输入文本

新建一个演示文稿后，PowerPoint 2016 会自动插入一张标题幻灯片。在该幻灯片中有两个标题占位符，输入文本之前，占位符中有提示信息。在占位符中单击，即可在其中插入闪烁的光标，在光标处直接输入文本内容，输入完成后在占位符外侧单击。

2) 在文本框中输入文本

若选择"空白"版式或想要在幻灯片的空白处插入文本，可单击"插入"选项卡的"文本"组中的"文本框"按钮，在下拉列表中选择"横排文本框"或"垂直文本框"

命令，将光标移动到幻灯片中合适的位置后单击或拖动鼠标，即可创建一个空文本框，在文本框中输入文本内容即可。

3) 设置文本格式

为了演示文稿的整体效果，需要设置文本格式。设置文本格式的方法如下：

(1) 单击"开始"选项卡的"字体"组中的相应命令按钮进行设置。

(2) 编辑或选择文本时，在功能区会自动出现"格式"选项卡。单击"格式"选项卡中的"艺术字样式"组中的相应命令按钮进行设置。

(3) 如果想设置更多的文本格式或文本效果，单击"开始"选项卡的"字体"组右下角的对话框启动器，打开"字体"对话框进行设置；或者单击"格式"选项卡中的"艺术字样式"组右下角的对话框启动器，打开"设置文本效果格式"对话框进行设置。

2. 插入艺术字

Office 多个组件中都可以插入艺术字，在演示文稿中插入艺术字可以美化幻灯片，使其更加引人注目。

1) 插入艺术字

单击"插入"选项卡的"文本"组中的"艺术字"按钮，在下拉列表中选择一种艺术字样式，如图 4-14 所示，此时幻灯片中将出现艺术字占位符，在占位符中输入内容即可。

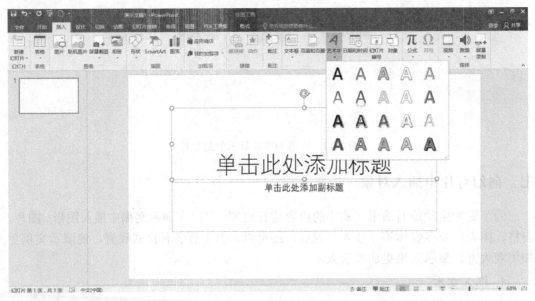

图 4-14　选择艺术字样式

2) 设置艺术字格式

编辑或选择艺术字时，在功能区会自动出现"格式"选项卡，单击"格式"选项卡的"艺术字样式"组中的相应命令按钮进行设置。

3. 插入图片

图形/图像是演示文稿中不可缺少的元素，比文字更能引人注意。

1) 插入图片

单击"插入"选项卡的"图像"组中的"图片"按钮，打开"插入图片"对话框，如图 4-15 所示，在左侧的结构列表中选择图片所在的位置，在右侧的文件列表中选择要插入的图片，单击"确定"按钮。

图 4-15 "插入图片"对话框

2) 设置图片格式

将图片插入到幻灯片之后，为了让图片与幻灯片的效果更为融合，需要对插入的图片进行一些格式设置，包括删除图片的背景、选择图片的样式、调整图片的颜色和艺术效果等，从而达到美化图片的目的，设置图片的格式通常在"格式"选项卡中完成。

(1) 删除图片的背景。删除图片的背景即图片处理中常提到的抠图。PowerPoint 2016 在图片处理方面进行了较大的完善，单击"格式"选项卡的"调整"组中的"删除背景"按钮，用户可以轻松方便地在幻灯片中实现抠图。

(2) 选择图片的样式。单击"格式"选项卡的"图片样式"组中的"其他"按钮，可展开图片样式库，其中系统为用户提供了 28 种预设的图片样式，如图 4-16 所示。这些图片样式是系统对图片的边框、形状以及整体效果进行了设置。如果用户对这些预设的样式不太满意，还可以通过"图片样式"组的"图片边框""图片效果"和"图片版式"按钮对格式进行自定义。

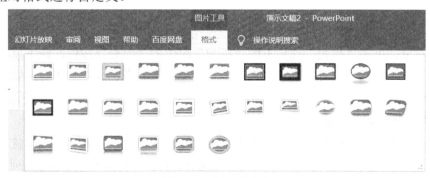

图 4-16 图片样式库

(3) 设置图片的艺术效果。艺术效果类似 PhotoShop 中的滤镜,利用艺术效果功能可以将图片处理成虚化、影印、铅笔素描等 23 种艺术效果。单击"格式"选项卡的"调整"组中的"艺术效果"按钮,在下拉列表中选择图片的某种艺术效果。或选择"艺术效果选项"命令,打开"设置图片格式"对话框进行相应的设置。

4. 插入形状

形状包括基本形状、线条、流程图、标注等。用户可以在幻灯片中插入这些形状,也可以对其进行旋转、填充或与其他图形组合等操作。

1) 插入形状

如果想绘制一个矩形,可单击"插入"选项卡的"插图"组中的"形状"按钮,在下拉列表中选择"矩形"工具,在幻灯片中单击鼠标,则生成一个预定大小的形状;拖动鼠标,可以创建任意大小的形状。

如果拖动的同时按住 Shift 键,就会得到一个正方形。同样,选择"椭圆"工具后按住 Shift 键,就会得到一个正圆。

2) 设置形状格式

插入形状后,还可以对其进行一系列操作,使其满足制作演示文稿的要求。在幻灯片中插入一个形状时,功能区将自动出现一个"格式"选项卡,主要用于修改与修饰形状。

(1) 编辑与更改形状。单击"格式"选项卡的"插入形状"组中的"编辑形状"按钮,在下拉列表中可以更改形状的类型,编辑形状的顶点,从而改变形状的外形。

(2) 设置形状的大小、旋转角度和位置。单击"格式"选项卡的"大小"组右下角的对话框启动器,打开"设置形状格式"对话框,在其中可设置形状的大小和旋转角度等。

(3) 设置形状的外观样式。"形状样式"组是"格式"选项卡中最有特色的功能组之一。

单击"形状样式"组中的"其他"按钮,打开一个形状和线条的外观样式选项库,将鼠标移动到"其他主题填充"选项上,将在右侧展开一个样式填充选项列表。如果在外观样式选项库中没有满足需要的选项,则可以单击"形状样式"组中的"形状填充""形状轮廓"或"形状效果"按钮,进行更丰富的设置。

3) 多个形状的组合

PowerPoint 2016 可以将多个对象合并为一组,以便批量调整其位置。按住 Shift 键选中多个对象,单击"格式"选项卡的"排列"组中的"组合"按钮,在下拉列表中选择"组合"命令,则多个对象会合并为一个整体。若想取消,选中整体对象后选择"取消组合"命令即可。

5. 插入 SmartArt 图形

SmartArt 图形是信息与观点的视觉表达形式,它不需要太多的文字说明就可以直观地表述出某种综合信息。在 PowerPoint 中可以插入 SmartArt 图形,其中包括列表图、流程图、循坏图、层次结构图、关系图、矩阵图、棱锥图和图片等。

1) 创建 SmartArt 图形

单击"插入"选项卡的"插图"组中的 SmartArt 按钮，打开"选择 SmartArt 图形"对话框，如图 4-17 所示，在对话框左侧可以选择 SmartArt 图形的类型，中间选择该类型中的一种布局方式，右侧则会显示该布局的说明信息。选择一种类型，如"流程"，再选择其中的一种布局方式，如"交替流"，单击"确定"按钮，即可在幻灯片中创建该 SmartArt 图形。

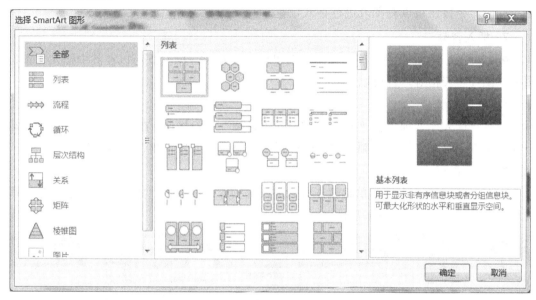

图 4-17　SmartArt 图形

2) 输入文本

创建 SmartArt 图形后，左键单击，就可在形状中输入相应的文字。

3) 设置格式

选择已经插入到幻灯片中的 SmartArt 图形，在功能区会自动出现"设计"和"格式"两个选项卡。其中，单击"设计"选项卡中的相应命令按钮可以更改布局、效果及颜色等；单击"格式"选项卡中的相应命令按钮可以进行格式设置。

6. 插入表格和图表

表格和图表都是将数据图形化，使数据更加清晰、易于理解。

1) 插入表格

单击"插入"选项卡的"表格"组中的"表格"按钮，在下拉列表中拖动鼠标，确定表格的行数和列数。释放鼠标即可插入表格。

2) 插入图表

单击"插入"选项卡的"插图"组中的"图表"按钮，打开"插入图表"对话框，选择需要的图表类型及子类型，单击"确定"按钮，则在幻灯片中插入了图表，同时会打开 Excel 用于编辑数据。用户可以根据实际情况修改 Excel 表格中的结构和数据，此时图表中的数据也会发生相应的变化，最后关闭 Excel 文件即可。

3) 设置格式

插入表格后，在功能区会自动出现"设计"和"布局"两个选项卡。单击"设计"选项卡中的相应命令按钮可以对表格进行格式设置；单击"布局"选项卡中的相应命令按钮可以对表格的行、列以及单元格等对象进行设置。

插入图表后，在功能区会自动出现"设计"和"格式"两个选项卡。单击"设计"选项卡中的相应命令按钮可以更改图表的类型、编辑图表数据等；单击"格式"选项卡中的相应命令按钮可以对图表进行格式设置。

7. 插入音频

PowerPoint 2016 是一个简捷易用的多媒体集成系统，用户既可以在其中插入文本、图形、图片和表格等，也可以插入音频。

1) 插入音频

单击"插入"选项卡的"媒体"组中的"音频"下拉按钮，在下拉列表中选择"PC上的音频"，打开"插入音频"对话框选择所需的音频文件，单击"确定"按钮。

2) 编辑音频

PowerPoint 2016 支持简单编辑音频，插入音频后，可以在"播放"选项卡中对音频进行简单的编辑，如图 4-18 所示。

图 4-18 "播放"选项卡

"预览"组：主要用于播放与暂停音频。

"书签"组：主要用于在音频的某个位置插入标记点，以便准确定位。

"编辑"组：主要用于音频编辑，可以对音频进行简单的剪裁、设置淡入淡出效果。

"音频选项"组：主要用于设置音频播放方式及音量大小等。

另外，在"格式"选项卡中还可以对音频进行格式设置。

8. 插入视频

要想使演示文稿真正集多媒体于一体，视频也是必不可少的，视频在表现能力上是其他媒体无法比拟的。

1) 插入视频

单击"插入"选项卡的"媒体"组中的"视频"按钮，在下拉列表中选择"PC上的视频"，打开"插入视频文件"对话框选择所需的视频文件，单击"确定"按钮。

2) 编辑视频

插入到幻灯片中的视频是静止的，用户可以像编辑其他图形对象一样改变视频的大小，或者移动它的位置。将鼠标指向视频画面时，将显示播放控制条。

与音频类似，插入视频后，也可以在"播放"选项卡中对视频进行简单的编辑。视频的编辑方法与音频相似。

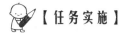【任务实施】

1. 新建演示文稿并命名为"关公文化.pptx"

(1) 新建空白演示文稿。

(2) 保存演示文稿，文件名为"关公文化.pptx"。

2. 编辑"关公文化.pptx"演示文稿

该演示文稿共包含 10 张幻灯片，在各幻灯片中添加各种对象，然后对各对象进行格式设置。

1）新建标题幻灯片

设置主标题内容为"关公文化"，文字格式为：华光行楷，60 号，加粗；删除副标题占位符。

2）设计第 2 张幻灯片

(1) 在标题幻灯片后新建一张幻灯片作为第 2 张幻灯片，版式设置为"标题和内容"。

(2) 设置标题。标题内容为"主要内容"，文字格式为：黑体，44 号，加粗。

(3) 设置内容。内容分别为：

一、概念

二、文化内涵

三、发祥地

四、故里习俗

五、旅游文化

六、文艺盛典

七、文化产业

文字格式为：黑体，32 号。

3）设计第 3～10 张幻灯片

(1) 在第 2 张幻灯片后，新建第 3～10 张幻灯片，将第 3～9 张幻灯片版式设置为"标题和内容"，第 10 张幻灯片的版式设置为"空白"。

(2) 打开"关公文化内容.docx"文档，将每一部分的内容添加到相应的幻灯片中。在最后一张幻灯片中插入一个"横排文本框"，将文档中对应的内容复制到文本框中。

(3) 将第 3～9 张幻灯片中的标题文字的格式设置为"黑体，44 号，左对齐"。将第 3～8 张幻灯片中的内容文字的格式设置为"楷体，28 号"。将第 9 张幻灯片中的内容文字的格式设置为"楷体，24 号"。将第 10 张幻灯片中的内容文字的格式设置为"楷体，36 号"。

(4) 将第 3、第 4 和第 10 张幻灯片中内容的段落格式设置为"首行缩进 2 厘米，1.5 倍行距"。将第 5～9 张幻灯片中内容的段落格式设置为"首行缩进 2 厘米，单倍行距"。

(5) 在第 3 张幻灯片中插入一个艺术字，选择第二行第二列的艺术字样式，内容

为"关公文化"，文字格式为"华光淡古印，60 号"，文本效果设置为"棱台"中的
"棱纹"。

(6) 在第 2 张幻灯片中插入图片"目录.jpg"，在第 5 张幻灯片中插入图片"发祥
地.jpg"，在第 6 张幻灯片中插入 2 张图片"故里习俗1.jpg""故里习俗2.jpg"，在第 7
张幻灯片中插入图片"旅游文化.jpg"，在第 8 张幻灯片中插入图片"文艺盛典.jpg"，
在第 9 张幻灯片中插入图片"文化产业.jpg"，并适当调整图片大小和位置。设置效果
如图 4-19 所示。

图 4-19　"关公文化"演示文稿 1

任务 2　美化演示文稿

【任务目标】

知识目标

(1) 了解幻灯片的主题和背景；

(2) 了解幻灯片的母版。

技能目标

(1) 掌握主题设置方法，包括应用主题和自定义主题等；

(2) 掌握背景设置方法，包括设置背景样式和隐藏背景图形等；

(3) 掌握幻灯片母版设置方法，包括应用幻灯片母版和在幻灯片母版中编辑对象等。

素质目标

进一步培养学生分析问题、解决问题的能力，提升学生团结协作能力和沟通能力，形成创新能力和创新意识，建立计算机信息素养和积极的创新情感，积淀中华优秀传统文化底蕴，升华服务社会的责任感和使命感。

【任务描述】

在制作演示文稿时，用户可以使用主题和母版等功能来设计幻灯片，使幻灯片具有一致的外观和统一的风格，丰富幻灯片的视觉效果。

【相关知识】

一、应用幻灯片主题

主题是主题颜色、主题字体和主题效果等格式的集合。为演示文稿应用主题后，可以使主题中的幻灯片具有一致的外观。

1. 应用主题

打开"设计"选项卡的"主题"组中的"其他"按钮，在下拉列表中单击某一种主题即可，如图 4-20 所示。

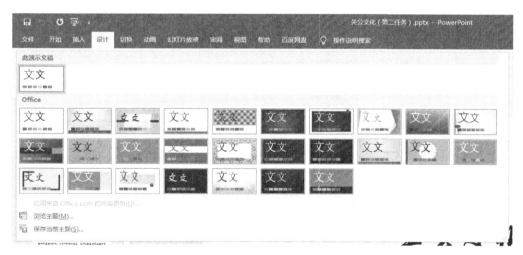

图 4-20　演示文稿的主题

在 PowerPoint 演示文稿中应用或更改主题样式时，默认情况下会同时更改所有幻灯片的主题。

如果要为某一张幻灯片设置主题，可以选择该张幻灯片，然后右键单击选择主题，在快捷菜单中选择"应用于选定幻灯片"，这时将只对选定的幻灯片应用指定的主题。

2. 自定义主题

自定义主题的内容包括主题颜色、主题字体、主题效果和背景样式等。

单击"设计"选项卡的"变体"组中的"其他"按钮，在下拉列表中设置颜色、字体、效果和背景样式，即可将其应用到演示文稿的所有幻灯片中。

二、设置幻灯片背景

默认情况下，演示文稿中的幻灯片会使用主题规定的背景，用户也可以重新设置幻灯片背景。设置幻灯版背景的方法如下：

(1) 单击"设计"选项卡的"自定义"组中的"设置背景格式"按钮，打开"设置背景格式"任务窗格，在其中可以设置背景样式的填充方式，如图 4-21 所示。

图 4-21　"设置背景格式"任务窗格

在"设置背景格式"对话框中有 4 种背景填充方式，即纯色填充、渐变填充、图片或纹理填充以及图案填充等。

① 纯色填充：幻灯片的背景以一种颜色进行显示。

② 渐变填充：可以将幻灯片的背景设置为过渡色，即两种或两种以上的颜色，并且可以设置不同的过渡类型，如线性、射线、矩形、路径等。

③ 图片或纹理填充：幻灯片的背景以图片或纹理来显示。

④ 图案填充：将一些简单的线条、点或方框等组成的图案作为背景。

下面以图片或纹理填充为例，介绍设置幻灯片背景的操作方法，其操作可接着(1)的步骤继续操作。

(2) 选择"图片或纹理填充"，单击"插入"按钮，打开"插入图片"对话框，单击"从文件浏览"按钮，选择相应的图片，然后单击"插入"按钮。

（3）在"设置背景格式"任务窗格中单击"效果"按钮，可以设置图片的艺术效果；单击"图片"按钮，可以对图片进行锐化和柔化、亮度和对比度的调整；"图片颜色"选项可以调整图片的颜色、饱和度或重新着色。

（4）单击"应用到全部"按钮，将背景设置应用到当前演示文稿的所有幻灯片中。单击"重置背景"按钮，可以重新设置背景。

三、应用幻灯片母版

幻灯片母版是 PowerPoint 中的一种特殊幻灯片，用于统一整个演示文稿的格式。因此，用户只需要对母版进行修改，即可完成对多张幻灯片的外观改变。

幻灯片母版中包括以下信息：文本占位符和对象占位符以及它们的大小、位置；标题文本及其他各级文本的字符格式和段落格式；幻灯片的背景填充效果；出现在每张幻灯片上的文本框或图形、图片对象等。

单击"视图"选项卡的"母版视图"组中的"幻灯片母版"按钮，将切换到幻灯片母版视图中，并显示"幻灯片母版"选项卡，如图 4-22 所示。

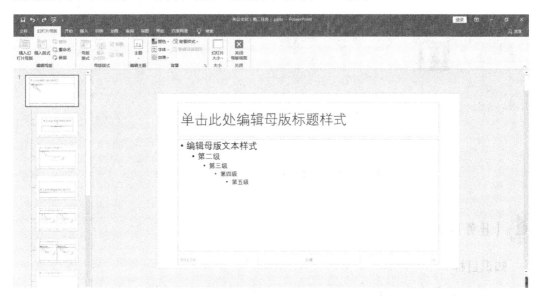

图 4-22　"幻灯片母版"视图

默认情况下，幻灯片母版视图左侧的任务窗格中的第一个母版称为"幻灯片母版"，在其中进行的设置将应用到所有幻灯片中；"幻灯片母版"下方为该母版的版式母版，或称为子母版，如果将鼠标指针移到某个母版上，将显示母版的版式名称，例如"标题幻灯片""标题和内容"等，以及由哪些幻灯片使用等信息。

 【任务实施】

（1）将所有幻灯片的背景设置为"渐变填充"，颜色设置为"蓝色，个性 1，深色 50%"，角度为 120，亮度为 −25%。

（2）将图片"关公文化.png"设置为第一张幻灯片的背景，并适当调整标题文本框的位置。

（3）使用母版功能，将图片"关公 logo.png"放置在第 2—9 张幻灯片中左下角合适位置。

（4）在"幻灯片母版"视图中设置第 2—9 张幻灯片中标题栏居中对齐。

演示文稿的最终制作效果如图 4-23 所示。

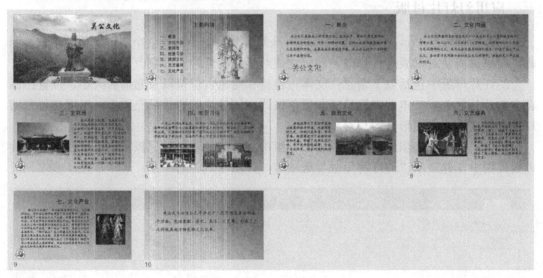

图 4-23　"关公文化"演示文稿 2

任务 3　让演示文稿动起来

【任务目标】

知识目标

（1）了解对象的动画效果；

（2）了解动画效果和幻灯片切换效果的区别；

（3）了解幻灯片的交互。

技能目标

（1）掌握幻灯片交互方法，包括插入、编辑和取消超链接等；

（2）掌握幻灯片切换效果方法，包括添加和设置幻灯片切换效果等；

（3）掌握对象的动画效果设置方法，包括添加和编辑动画效果等；

（4）掌握幻灯片放映方式，包括设置放映方式、设置放映参数和隐藏幻灯片等。

素质目标

进一步培养学生分析问题、解决问题的能力，提升学生团结协作能力和沟通能力，形成创新能力和创新意识，建立计算机信息素养和积极的创新情感，积淀中华优秀传统文化底蕴，升华服务社会的责任感和使命感。

【任务描述】

为幻灯片上的各对象设置动画效果，可以突出重点、控制信息的流程，以提高演示效果等。还有另外一种链接技术可以让幻灯片的放映形式更灵活，这种组织形式的演示文稿在放映时可以不按顺序切换，而是自由地在幻灯片之间跳转。

【相关知识】

一、设置幻灯片切换效果

幻灯片的切换效果是指在演示文稿放映过程中由一张幻灯片进入到另一张幻灯片时的动画效果。在默认情况下，各个幻灯片之间的切换是没有任何效果的。

用户可以通过设置为每张幻灯片添加富有动感的切换效果，还可以控制每张幻灯片切换的速度，以及添加切换声音等。

1. 添加幻灯片切换效果

选择要添加切换效果的幻灯片。单击"切换"选项卡的"切换到此幻灯片"组中的相应命令按钮，则该切换效果将应用到所选幻灯片中，并在当前视图中可以预览该切换效果，也可以单击"预览"组中的"预览"按钮预览该切换效果。

另外，单击"切换到此幻灯片"组中的"其他"按钮，在下拉列表中可以选择更多的切换效果，有细微型、华丽型和动态内容三种类型可以选择，如图 4-24 所示。其中，细微型的切换效果简单自然；华丽型的切换效果比细微型的效果复杂，且视觉冲击力更强；动态内容型的切换效果主要应用于幻灯片内部的文字或图片等元素。

图 4-24　幻灯片切换效果

2. 设置切换效果选项

为幻灯片添加了切换效果后,还可以设置切换效果选项,包括切换声音、持续时间和换片方式等。

选择添加了切换效果的幻灯片,单击"切换"选项卡的"切换到此幻灯片"组中的"效果选项"按钮,在下拉列表中可以设置所选切换效果的方向、形状等选项,如图 4-25 所示,不同的选项对应不同的切换效果。

图 4-25　切换效果选项

在"切换"选项卡的"计时"组中可以设置切换的播放方式。选中"单击鼠标时"复选框,表示放映演示文稿时通过单击鼠标切换幻灯片;选中"设置自动换片时间"复选框,并在其后的文本框中输入时间,表示在放映时每隔所设定的时间就自动切换幻灯片。

在"声音"的下拉列表可以选择不同的声音效果,当幻灯片切换时将会播放该声音;"持续时间"列表框中可以设置幻灯片切换的时间长度,单位为"秒"。

设置完成后,如果希望将设置的效果应用于所有幻灯片,可单击"计时"组的"应用到全部"按钮,否则所设置的效果将只应用于当前幻灯片。

二、设置对象的动画效果

为了丰富演示文稿的播放效果,用户可以为幻灯片的某些对象设置特殊的动画效果,在 PowerPoint 中可以为文本、形状、声音、图片和图表等对象设置动画效果。

1. 添加动画效果

幻灯片中的动画有四种基本类型,分别是进入、强调、退出和动作路径,如图 4-26 所示。

1) 添加进入动画

进入动画是指如文本、图片、声音、视频等对象从无到有出现在幻灯片中的动态过程,它包括擦除、淡化、劈裂、飞入、出现、浮入等方式。

选中幻灯片中的对象,单击"动画"选项卡的"动画"组中的"其他"按钮,在下拉列表的"进入"栏中选择某种动画效果，或者选择"更多进入效果"命令，打开"更改进入效果"对话框，在其中有几十种进入动画效果可供选择并可以预览动画效果。

图 4-26　动画效果

2) 添加强调动画

强调动画是指一个对象在幻灯片中状态变化的方式。为了使幻灯片中的对象能够引人注意，常常会为其添加强调动画效果，这样在幻灯片的放映中，对象就会发生放大/缩小、忽明忽暗、陀螺旋等外观或色彩上的变化。

单击"动画"选项卡的"动画"组中的"其他"按钮，在下拉列表的"强调"栏中选择合适的选项即可添加强调动画。也可以选择"更多强调效果"命令，将打开"更改强调效果"对话框，在其中可以选择更丰富的强调动画并预览动画效果。

3) 添加退出动画

与进入动画相对应的动画效果是退出动画，即幻灯片中的对象从有到无逐渐消失的动态过程。退出动画是多种对象之间自然过渡时需要的效果，因此又称之为"无接缝动画"。

单击"动画"组的"其他"按钮，在下拉列表的"退出"栏中选择合适的选项即可添加退出动画，如果选择"更多退出效果"命令，将打开"更改退出效果"对话框，在其中可以选择更丰富的退出动画并预览动画效果。

4) 添加动作路径动画

动作路径动画可以是对象进入或退出的过程，也可以是强调对象的方式。在幻灯片放映时，对象会根据所绘制的路径运动。

单击"动画"选项卡的"动画"组中的"其他"按钮，在下拉列表的"动作路径"栏中选择某种动作路径动画，根据实际位置编辑动作路径的顶点与方向即可。

如果选择"其他动作路径"命令，将打开"更改动作路径"对话框，在其中可以选择更丰富的动画并预览动画效果。

在为对象添加动画效果之后，如果需要重新选择以更改动画效果，再次单击"动画"选项卡中的"动画"组的"其他"按钮，在下拉列表中选择动画即可。

2. 编辑动画

添加动画可对演示文稿中的对象设置常规动画，以满足用户的基本需求。但如果要想制作出更具特色的动画效果，还应在"动画"选项卡中对幻灯片中的动画对象进行更巧妙的控制与设置，这样才能使制作的演示文稿别具一格、精彩纷呈。"动画"选项卡如图 4-27 所示。

图 4-27 "动画"选项卡

1) 动画效果设置

给对象添加动画后，为了突出对象的动态效果，还需设置动画的个性效果。一般情况下可以通过选项组法与动画窗格法两种方法设置。

(1) 选项组法。选择已经设置动画的对象，单击"动画"选项卡的"动画"组中的"效果选项"按钮，在下拉列表中选择相应的选项即可。注意：不同的动画效果，其选项也不一样。

(2) 动画窗格法。单击"动画"选项卡的"高级动画"组中的"动画窗格"按钮，在窗口右侧出现"动画窗格"任务窗格，如图 4-28 所示，这里以列表的形式显示了当前幻灯片中所有对象的动画效果，包括播放编号、动画类型、对象名称和先后顺序等。

选择"动画窗格"中的某一项，单击其右侧的向下箭头，在下拉列表中选择"效果选项"命令，将打开相应的对话框。

2) 动画时间设置

单击"动画"选项卡的"计时"组中的相应命令按钮，可以设置动画的出现方式、持续时间以及延迟时间等。

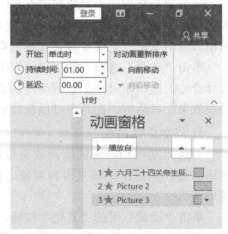

图 4-28 "动画窗格"任务窗格

3) 调整动画顺序

为对象设置好动画后，有时还需要对动画的播放顺序进行调整。选择需要更改顺序的对象，单击"动画"选项卡的"计时"组中的"对动画重新排序"下的"向前移动"或"向后移动"按钮，或者在"动画窗格"任务窗格中拖动每个动画改变其上下位置可以调整出现顺序，即可更改当前对象的先后顺序。

4) 利用"动画刷"快速应用动画效果

利用"动画刷"可以轻松快捷地将一个对象的动画效果复制到另一个对象上。如果希望在多个对象上使用同一个动画效果，可通过"动画刷"实现。

选中已有动画的对象，单击"动画"选项卡的"高级动画"组中的"动画刷"按钮，此时鼠标指针旁边会多一个小刷子图标，单击目标对象可实现动画效果的复制，如果双击"动画刷"按钮，可以将同一个动画应用到多个对象中。这样可以节约很多时间，但动画重复太多会显得单调，需要有一定的变化。

5) 删除动画

(1) 选项组法。选择已设置动画的对象，单击"动画"组中的"其他"按钮，在下拉列表中选择"无"，即可取消已有的动画效果。

(2) 动画窗格法。选择"动画窗格"任务窗格中的某一项，直接按 Delete 键删除，或单击其右侧的向下箭头，在下拉菜单中选择"删除"命令即可。

3. 同一个对象设置多个动画

在幻灯片中，一个对象的变化不可能只对应一个动画，为了制作出逼真的效果，往往需要为同一个对象添加多个动画，并设置好播放的先后顺序、速度、变化的方向和样式等。

选择已设置动画的对象，单击"动画"选项卡的"高级动画"组中的"添加动画"按钮，在下拉列表中选择相应的动画效果即可。

4. 自定义动作路径

太阳的东升西落、星球的公转自转、汽车的曲线行驶……这些都可以通过自定义动作路径实现。自定义动作路径是真正意义上的自定义动画，它可以根据需要灵活地设置动画对象运动的轨迹。

选择对象，单击"动画"选项卡的"动画"组中的"其他"按钮，在下拉列表的"动作路径"中选择"自定义路径"，拖动鼠标在幻灯片中绘制路线，双击鼠标结束即可。

三、制作交互效果

除了按顺序放映之外，交互式演示文稿能使放映更灵活，交互式演示文稿在放映时可以不按顺序切换，而是自由地在幻灯片之间跳转。

交互式演示文稿是指在放映幻灯片时，单击幻灯片中的某个对象便能跳转到指定的幻灯片，或打开某个文件或网页，可以使用"超链接"或"动作按钮"两种方法实现。

1. 为对象创建超链接

通俗地说，超链接可以实现从起始点到目标的跳转。起始点可以是幻灯片中的任何对象，包括文本、图片、图形和图表等对象，目标主要是演示文稿中的其他幻灯片，也可以是网页、电子邮箱地址、其他演示文稿或 Word 文档等。

选中要设置超链接的对象，单击"插入"选项卡的"链接"组中的"链接"按钮，打开"插入超链接"对话框，在"链接到"列表中选择要链接到的目标，然后进行相应设置，单击"确定"按钮；或者右键单击对象，在快捷菜单中选择"超链接"。如图 4-29 所示。

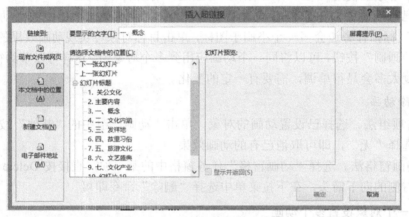

图 4-29　"编辑超链接"对话框

插入超链接的文字将自动添加下划线，如果要对其编辑，例如更改链接目标或删除超链接等，可通过打开"编辑超链接"对话框进行设置。

(1)"现有文件或网页"项：选择该项时，将所选对象链接到某个网页或文件，如在"地址"编辑框中输入网址(www.ycu.edu.cn)，将链接到运城学院网址的首页。

(2)"本文档中的位置"项：选择该项时，可以在演示文稿内的幻灯片之间跳转。

(3)"新建文档"项：选择该项时，可以指定新文档的名称和存储位置，当单击超链接对象时，将在存储位置新建一个文档。

(4)"电子邮件地址"项：选择该项并输入邮箱地址，当单击超链接对象时，将自动启动电子邮件工具。

2. 创建动作按钮

PowerPoint 2016 提供了 12 种不同的动作按钮，并预设了相应的功能。在幻灯片中添加动作按钮可以创建交互功能，放映时使用鼠标单击或经过这些动作按钮时会引起某个动作，可能引发的动作就是超链接。

单击"插入"选项卡的"插图"组中的"形状"按钮，在下拉列表中选择"动作按钮"栏中相应的形状，这时光标变成了"十"字形。

在幻灯片的适当位置，单击或拖动鼠标可将选定的按钮添加到幻灯片中，释放鼠标，自动打开"操作设置"对话框，如图 4-30 所示。对话框中默认的是"单击鼠标"选项卡，可以为按钮设置单击鼠标时的动作，进行相应设置后，单击"确定"按钮；也可以通过"鼠标悬停"选项卡设置鼠标经过按钮时的动作。

图 4-30　"操作设置"对话框

四、放映演示文稿

在放映幻灯片前，用户可以根据不同场合需要选择不同的放映方式，像产品发布会、教师讲课这些情形，讲授者结合投影演示比较合适；而在房展、车展这些展示会上，很多商家集中在一个展示厅里，各商家拥有自己的展示台，用一台触摸屏显示器来进行演示最合适；也可以通过自定义放映的形式有选择地放映演示文稿中的部分幻灯片。

1．幻灯片放映方式

1）在 PowerPoint 中直接放映

在 PowerPoint 中直接放映是展示演示文稿最常用的方式，包括从头开始、从当前幻灯片开始和自定义幻灯片放映三种方式。

(1) 从头开始放映。单击"幻灯片放映"选项卡的"开始放映幻灯片"组中的"从头开始"按钮，可以从第一张幻灯片开始依次放映到最后一张幻灯片。

(2) 从当前幻灯片开始放映。单击"幻灯片放映"选项卡的"开始放映幻灯片"组中的"从当前幻灯片开始"按钮，或者在状态栏右侧的"视图"按钮中单击"幻灯片放映"按钮，都可以从选择的当前幻灯片开始放映。

(3) 自定义幻灯片放映。针对不同的场合，演示文稿的放映顺序或内容也可能随之不同。因此，用户可以自定义放映顺序或内容，设置方法如下：

① 单击"幻灯片放映"选项卡中的"开始放映幻灯片"组中的"自定义幻灯片放映"按钮，在下拉列表中选择"自定义放映"命令，打开"自定义放映"对话框。

② 单击"新建"按钮，打开"定义自定义放映"对话框，在"定义自定义放映"对话框左侧的"在演示文稿中的幻灯片"列表中选择要放映的幻灯片，单击"添加"按钮，将其添加到右侧的"在自定义放映中的幻灯片"列表中，单击其右侧的"向上"按钮和"向下"按钮，可以调整幻灯片的顺序。

③ 单击"确定"按钮，返回到"自定义放映"对话框中，单击"关闭"按钮。

通过这种方式可以建立多种自定义放映，单击"幻灯片放映"选项卡的"开始放映幻灯片"组中的"自定义幻灯片放映"按钮，在下拉列表中将出现所有的自定义放映，要使用哪一种放映，选择它即可。

2) 将演示文稿保存为放映模式

如果用户需要将制作好的演示文稿带到其他地方进行放映，且不希望演示文稿受到任何修改和编辑，则可以将其保存为.ppsx 格式。

单击"文件"选项卡中的"另存为"命令，单击"保存类型"下拉按钮，在弹出的下拉列表中选择"PowerPoint 放映(*.ppsx)"，单击"保存"按钮。

保存之后只要双击文件图标，即可全屏播放演示文稿。

2. 设置放映参数

PowerPoint 2016 提供了三种不同场合的放映类型，为了使演示文稿能正常运行，必须正确设置演示文稿的放映参数。

1) 设置放映方式

单击"幻灯片放映"选项卡的"设置"组中的"设置幻灯片放映"按钮，打开"设置放映方式"对话框，如图 4-31 所示。

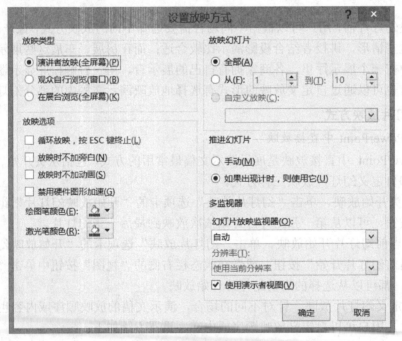

图 4-31　"设置放映方式"对话框

(1) 在"放映类型"中选择幻灯片的放映类型。

(2) 在"放映选项"中确定放映是否循环放映、加旁白或动画。

若选中"循环播放，按 ESC 键终止"复选框，则演示文稿会不断重复播放；若选中另两个复选框，则在放映时不播放旁白和动画；此外，在"绘图笔颜色"按钮的下拉列表中可以对绘图笔的颜色进行设置。

(3) 在"放映幻灯片"中指定要放映的幻灯片。

若选中"全部"单选按钮，则表示放映演示文稿中的所有幻灯片；若选中"从……到……"单选按钮，在其后的数值框中可选择放映幻灯片的范围。

(4) 在"推进幻灯片"中确定放映幻灯片时的换片方式。

若选择"手动"选项，则放映幻灯片时必须手动切换幻灯片，同时系统将忽略预设的排练时间；若选择"如果存在排练时间，则使用它"选项时，将使用预设的排练时间自动放映幻灯片，如果没有预设的排练时间，则必须手动切换幻灯片。

(5) 设置完成后，单击"确定"按钮。

2) 排练计时

幻灯片的放映有两种方式：人工放映和自动放映。当使用自动放映时，需要为每张幻灯片设置放映时间。设置放映时间的方法有两种：

(1) 由用户为每张幻灯片设置放映时间。

(2) 使用排练计时。

排练计时是在真实的放映演示文稿的状态中，同步设置幻灯片的切换时间，等到整个演示文稿放映结束后，系统会将所设置的时间记录下来，以便在自动放映时，按照所记录的时间自动切换幻灯片。

单击"幻灯片放映"选项卡的"设置"组中的"排练计时"按钮，将会自动进入放映排练状态，并打开"录制"工具栏，在该工具栏中可以显示预演时间，左侧时间表示当前幻灯片的放映时间，右侧时间表示整个演示文稿总的放映时间。

在放映屏幕中单击鼠标，可以排练下一个动画效果或下一张幻灯片出现的时间，鼠标停留的时间就是幻灯片播放的时间。排练结束后将显示提示对话框，询问是否保留排练的时间，单击"是"按钮，排练时间将会被保存。如果切换到"幻灯片浏览视图"中，在每张幻灯片的左下角会显示该幻灯片的放映时间。

3. 隐藏幻灯片

如果不想放映演示文稿中的某些幻灯片，并且不希望将这些幻灯片删除，可以将其设置为隐藏。

选中需要隐藏的幻灯片，单击"幻灯片放映"选项卡的"设置"组中的"隐藏幻灯片"按钮。当用户在播放演示文稿时，会自动跳过该张幻灯片播放下一张幻灯片。若要重新放映被隐藏的幻灯片，则选中该幻灯片后，再次单击"隐藏幻灯片"按钮。

4. 放映幻灯片

将演示文稿编辑完毕，并对放映做好各项设置后，便可开始放映演示文稿。在放映过程中可以进行换页等各种控制，并可将鼠标用作绘图笔进行标注。

1) 换页控制

在幻灯片的放映屏幕上单击鼠标右键，在快捷菜单中选择"下一张""上一张"，可进行换页控制。

2) 标注幻灯片

放映时若要在幻灯片上书写或加标注，可在幻灯片的放映屏幕上单击鼠标右键，在快捷菜单中选择"指针选项"命令，在其子菜单中可以选择添加墨迹注释的笔形，再选择"墨迹颜色"命令，在其子菜单中选择一种颜色。设置好后，按住鼠标左键在幻灯片中拖动，即可书写或绘图。

3）切换程序

由于幻灯片播放时是全屏显示，所以当用户在播放过程中需要使用其他软件时，可以单击鼠标右键，选择"屏幕"命令，在快捷菜单中选择"显示任务栏"命令，即可在Windows 的任务栏中单击其他需要打开的应用程序。

五、打印演示文稿

演示文稿虽然主要用于演示，但某些时候用户需要将它打印出来，例如在会议结束后可以将会议上用的演示文稿打印出来作为开会人员的会议资料。

1．页面设置

页面设置即设置幻灯片的大小、编号及方向等。

单击"设计"选项卡的"自定义"组中的"幻灯片大小"按钮，在"幻灯片大小"下拉列表中选择"自定义幻灯片大小"，在"幻灯片大小"对话框中进行设置。

(1) 在"宽度"和"高度"文本框中可以自定义幻灯片的大小。

(2) 在"幻灯片编号起始值"文本框中可以设置幻灯片编号的起始值。

(3) 在"方向"选项组中可以设置幻灯片或备注、讲义和大纲的方向。

2．设置页脚、日期时间和幻灯片编号

单击"插入"选项卡的"文本"组中的"页眉和页脚"按钮，打开"页眉和页脚"对话框，如图 4-32 所示。单击"页脚"复选框，在文本框中输入页脚内容，若只需要在所选幻灯片上显示页脚，可单击"应用"按钮。当需要在演示文稿所有幻灯片上显示页脚，则需要单击"全部应用"按钮。

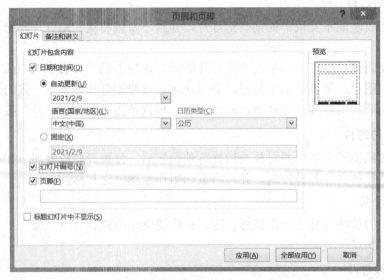

图 4-32　"页眉和页脚"对话框

另外，"页眉和页脚"对话框的"幻灯片"选项卡中还包括下列选项：

日期和时间：单击该复选框，系统会在幻灯片的左下角添加日期和时间，可选择"自动更新"或"固定"。

幻灯片编号：单击该复选框，系统会在幻灯片的右下角添加页码，若不想在标题幻灯片中显示编号，可选择"标题幻灯片中不显示"。

3. 打印演示文稿

完成页面设置后就可以打印演示文稿了。单击"文件"选项卡中的"打印"命令，即可在界面中间显示打印选项，如图 4-33 所示，在右侧显示打印预览。

图 4-33　"打印"选项

(1) 在"份数"选项后面的文本框中可以输入需要打印的份数。

(2) 单击"设置"列表中的"打印全部幻灯片"按钮，在其下拉列表中可以设置打印幻灯片的范围。

(3) 单击"整页幻灯片"按钮，在下拉列表中可以设置要打印的内容，可以是幻灯片、讲义、备注页或大纲等。

(4) 单击"单面打印"按钮，在下拉列表中可以设置单面或双面打印。

(5) 单击"灰度"按钮，在下拉列表中可以选择彩色打印或黑白打印。

设置好相应的参数后，单击"打印"按钮。

六、保存为视频

PowerPoint 2016 中可以将演示文稿保存为视频文件，默认格式为".wmv"。

单击"文件"选项卡中的"导出"命令，选择"创建视频"命令，如图 4-34 所示，在右侧的列表中单击"创建视频"按钮，打开"另存为"对话框，完成相应设置后单击"保存"按钮。

图 4-34　"创建视频"命令

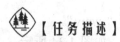【任务实施】

(1) 为所有幻灯片设置"风"切换效果。

(2) 为第 6 张幻灯片中的各个对象设置动画效果。

① 设置标题的动画为"擦除"，效果选项为"自左侧"。为标题设置强调动画效果为"波浪形"。

② 为内容文本框设置进入动画为"空翻"，持续时间为 0.5 秒。

③ 设置左侧图片的动画效果为"翻转式由远及近"，再为其设置动作路径为"循环"。

④ 为右侧图片设置任意一种进入动画，并为其设置自定义动作路径。设置自定义动作路径的开始方式为"与上一动画同时"。

(3) 为其他幻灯片中的对象设计合适的动画效果。

(4) 为第 2 张幻灯片中的目录文字设置相应的超链接，单击每一行目录文字时进入相应的幻灯片。

(5) 为第 3～9 张幻灯片设置动作按钮，单击动作按钮时返回到第 2 张幻灯片。

(6) 对演示文稿进行排练计时，并根据需要为演示文稿设置合适的播放方式。

(7) 将演示文稿保存为视频文件，命名为"关公文化.wmv"。

综合实验项目

【任务描述】

世界上美丽的地方很多，但在很多人的心里最美的是自己的故乡。制作一个演示文稿展示你故乡的优秀文化，选取故乡的特色文化为相应素材。

【任务实施】

(1) 新建演示文稿命名为"我的故乡"，可以使用某个模板新建。

(2) 在演示完稿中插入不少于 10 张幻灯片。

(3) 为演示文稿应用主题或设置背景。

(4) 在幻灯片中插入各种对象(如文本框、艺术字、图像、声音等)，调整每张幻灯片中各个对象的位置，使页面整齐美观。

(5) 为幻灯片中的各对象设置丰富的动画效果。

(6) 根据需要设置超链接或动作按钮。

(7) 设置幻灯片的切换效果。

(8) 在每张幻灯片上显示作者信息。

项目五　　图形设计软件 Visio 2016

Visio 2016 是一款专业的办公绘图软件，它将强大的功能与简单的操作完美结合起来，可广泛应用于软件开发、项目策划、企业管理、建筑规划、机械制图等众多领域，方便用户以可视化的方式处理、分析和交流复杂的信息或系统，做出更好的业务决策。

任务 1　　绘制"某公司组织结构图"

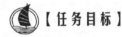 【任务目标】

知识目标

(1) 了解 Visio 2016 的应用领域；

(2) 熟悉 Visio 2016 的工作界面；

(3) 了解 Visio 2016 的基础知识。

技能目标

(1) 掌握绘图文档的基本操作；

(2) 掌握形状的基本操作；

(3) 掌握文本的基本操作；

(4) 掌握主题的基本操作；

(5) 掌握创建组织结构图的方法。

素质目标

通过本任务的学习使学生在了解和掌握基础理论知识的基础上，提高信息素养，胜任工作场合中遇到的各种图形绘制。培养学生分析问题、解决问题的能力，提升学生团结协作能力和沟通的能力，形成创新能力和创新意识，建立计算机信息素养和积极的创新情感，积淀中华优秀传统文化底蕴，升华服务社会的责任感和使命感。

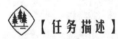 【任务描述】

组织结构图是把企业组织分成若干部分，并标明各部分之间可能存在的关系。通过企业组织结构图，可以迅速了解企业的部门结构及组织情况，并做出优化调整。例如图

5-1 所示的"某公司组织结构图"中，以上下结构显示了公司内人员组织的情况。

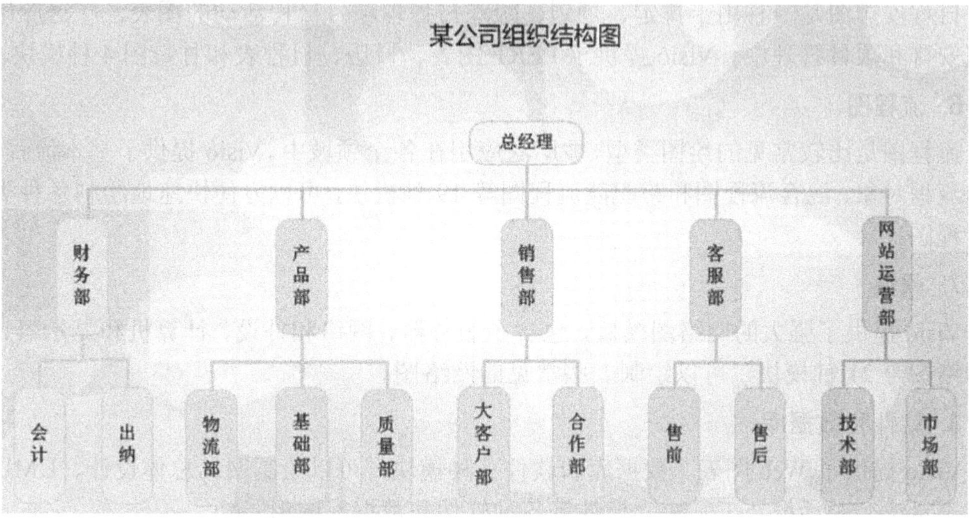

图 5-1 某公司组织结构图

【相关知识】

一、Visio 概述

Visio 是一款专业的办公绘图软件，它将强大的功能与简单的操作完美结合起来，可广泛应用于众多领域。

1. 商务

Visio 提供了业务进程、图表及图形、数据透视图表、灵感触发和组织结构图五种模块，可以绘制 EPC 图表、六西格玛流程图、营销图表、数据透视图表、灵感触发图、花瓣-组织结构图等专业且美观的商务图表。

2. 地图和平面布置图

Visio 提供了地图和建筑设计图两种模块，可以绘制交通、地铁、道路、办公室设备、家具、家电、植物、电气和电信等各种类型的地图和建筑设计图。

3. 工程

Visio 提供了工艺工程、机械工程和电气工程 3 种模块，可以绘制仪表、阀门和管件、弹簧和轴承、焊接符号、半导体和电子管、模拟和数字逻辑、集成电路组件等各种类型的工程图表。

4. 常规

使用 Visio 中的常规模板可以绘制日常生活中需要的基本图表。Visio 提供了具有凸起效果的块、具有透视效果的块、图案形状、图表及数学图形、基本形状和方块 6 种模块。

5. 日程安排

日程安排图是一种用于排定、规划、跟踪与管理项目日程活动的图表，广泛应用于日程安排和项目管理中。Visio 提供了 PERT 图表、日历、日程表和甘特图 4 种模块。

6. 流程图

流程图是比较常见的绘图类型，被广泛应用在各个领域中。Visio 提供了基本流程图、工作流程对象、混合流程图和跨职能流程图等 19 种模块，可以方便快速地绘制各种类型的流程图。

7. 网络

Visio 提供了强大的网络图模板，包含了服务器、网络和外设、计算机和显示器、详细网络图等 21 种模块，可以绘制一些常见的网络图。

8. 软件和数据库

Visio 提供了 Web 图表、数据库和软件三种模块，可以绘制网站总体设计、UML 数据库表示法、对话框、工具栏、控件等各种软件和数据库图形。

二、Visio 2016 界面介绍

Visio 2016 软件的界面与 Word 2016、Excel 2016、PowerPoint 2016 等常用 Office 组件的窗口界面大致相同，如图 5-2 所示。

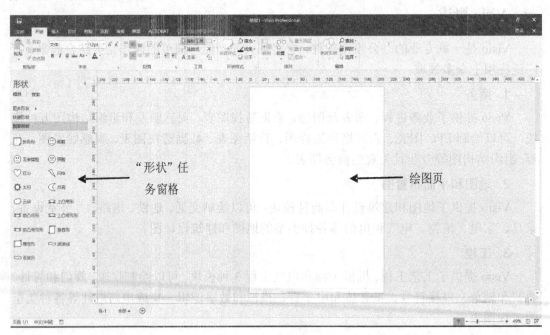

图 5-2　Visio 2016 界面

1. "形状"任务窗格

"形状"任务窗格中包含了多个模具，通过拖动模具中的形状到绘图页，可以绘制各类图形。

1) "形状"任务窗格的显示与隐藏

单击"视图"选项卡的"显示"组中的"任务窗格"按钮,可以显示或隐藏"形状"任务窗格。

2) 添加模具

单击"更多形状"按钮,在弹出的列表中可以浏览形状类别并打开模具,为"形状"任务窗格添加所需的模具。

3) 搜索形状

单击"搜索"选项卡,在"搜索形状"文本框中输入形状名称,单击"搜索"按钮即可显示搜索内容。

2. 绘图页

拖动模具中的形状到绘图页,可以在绘图页上添加形状,并设置形状的格式等,选择绘图窗口底端的标签,可以查看不同的绘图页。

三、管理绘图文档

1. 创建绘图文档

在 Visio 2016 中,常用的创建 Visio 绘图文档的方式有以下两种:

1) 创建默认模板

启动 Visio 2016 或者选择"文件"选项卡中的"新建"命令,会显示"新建"页面,在该页面中的"特色"列表中选择所需创建的模板文档,如图 5-3 所示。

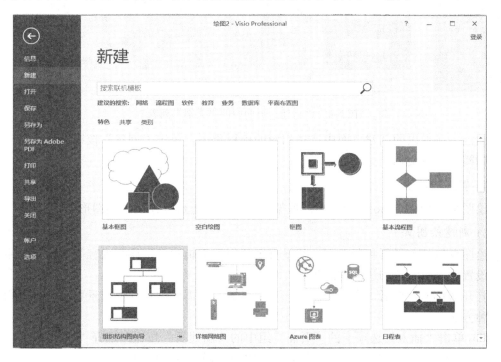

图 5-3　"新建"页面中的"特色"列表

　　然后，在弹出的创建页面中选择相应的模板类型，单击"创建"按钮，即可创建该类型的模板绘图文档。

　　2) 根据类别创建

　　Visio 2016 根据图表用途和领域归纳了相同类别的图表，用户可以选择使用。选择"文件"选项卡中的"新建"命令，会显示"新建"页面，在该页面中的"类别"列表中选择所需的类别，如图 5-4 所示。

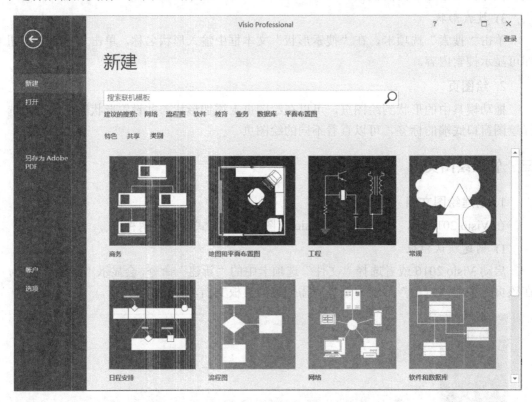

图 5-4　"新建"页面中的"类别"列表

　　然后，在弹出的创建页面中选择相应的模板类型，单击"创建"按钮，即可创建该类型的模板绘图文档。

2. 管理绘图页

　　绘图页是构成 Visio 绘图文档的框架，在该页面上可以绘制各类图形。

　　1) 新建绘图页

　　绘图页包括前景页和背景页，前景页主要用于编辑和显示绘图内容等，背景页主要用于设置绘图页背景和边框样式等。

　　打开 Visio 软件后，会自动创建一个前景页，当需要创建其他前景页时，可以用以下几种方法：

　　(1) 单击"插入"选项卡的"页面"组中的"新建页"按钮，选择"空白页"。

　　(2) 在状态栏中，单击"全部"标签后面的"插入页"按钮。

　　(3) 在状态栏中，右击"页-1"标签，选择"插入"命令。

2) 页面设置

用户在制作各类图形时，为了适应各类图形的显示要求，还需要对绘图页进行页面设置。单击"设计"选项卡的"页面设置"组右下角的对话框启动器按钮，会出现如图5-5所示的对话框，在该对话框中可以设置纸张方向、纸张大小、缩放比例等。

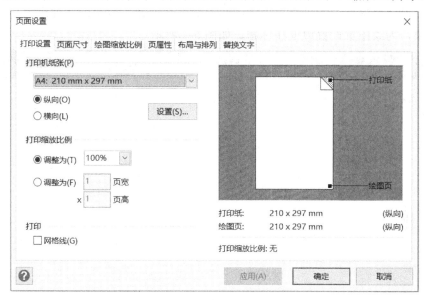

图 5-5　"页面设置"对话框

3) 美化绘图页

创建并对绘图页进行适当的编辑后，用户可以通过为绘图页添加内置背景样式、边框和标题样式的方法，增加绘图页的美观性和可读性。

(1) 设置背景。单击"设计"选项卡的"背景"组中的"背景"按钮，在弹出的列表中选择合适的背景，为绘图页设置背景效果，如图5-6所示。

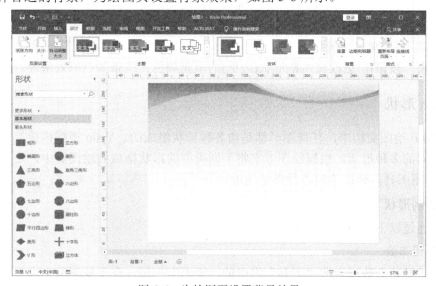

图 5-6　为绘图页设置背景效果

　　为绘图页设置背景效果后，还可以单击"设计"选项卡的"背景"组中的"背景"按钮，在弹出的列表中选择"背景色"命令，来更改背景效果的显示颜色。

　　(2) 设置边框和标题。边框和标题可以为绘图页添加可显示的边框，并允许输入标题内容。

　　单击"设计"选项卡的"背景"组中的"边框和标题"按钮，在弹出的列表中选择合适的效果，为绘图页设置边框和标题，如图 5-7 所示。

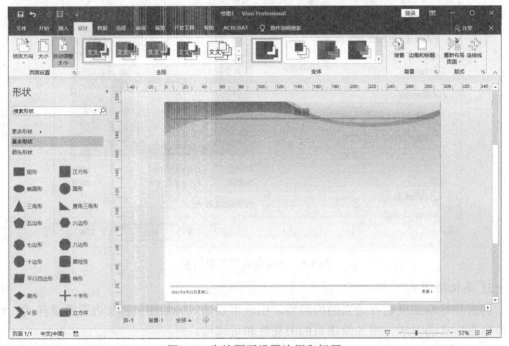

图 5-7　为绘图页设置边框和标题

　　边框和标题样式一般是添加在背景页中的，如果需要编辑边框和标题，首先单击背景页标签切换到背景页中，然后选中包含标题名称的文本框直接输入标题文本，或选中文本框(边框)后，单击"开始"选项卡的"形状样式"组中的"填充"按钮("线条"按钮或"效果"按钮)，更改文本框形状(边框)的填充颜色、线条颜色或效果等。

四、Visio 形状

　　在 Visio 绘图文档中，任何图形都是由各种形状组成的。Visio 根据模板类型分别内置了相对应的多种形状，根据绘图方案将不同类型的形状拖放到绘图页中，还可以使用 Visio 的绘图工具，轻松绘制各种类型的形状。

1. 绘制形状

　　可以通过以下两种方式绘制所需的形状：

　　1) 绘图工具

　　单击"开始"选项卡的"工具"组中的"矩形"按钮，在下拉菜单中进行选择，可以绘制矩形、椭圆、线条、任意多边形、弧形等，如图 5-8 所示。

图 5-8　绘图"工具"

2) 使用模具

形状任务窗格中包含了多个模具，在模具中选择需要添加的形状，拖动到页面上适当的位置，放开鼠标即可绘制各类形状。

2. 设置形状大小和位置

选中形状后，单击状态栏左下角的宽度(高度或角度)标签，出现"大小和位置"窗口。在该窗口中，能够精确设置所选形状的宽度、高度、角度、X 轴、Y 轴等数据，如图 5-9 所示。

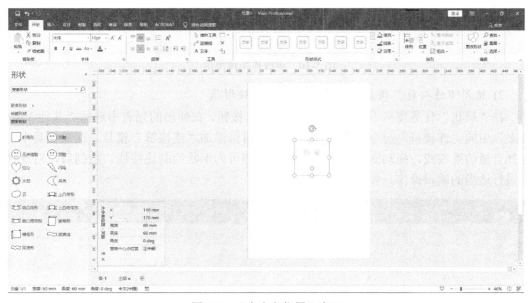

图 5-9　"大小和位置"窗口

3. 连接形状

在绘制图形的过程中，需要将多个相互关联的形状连接在一起以形成完整的结构。使用 Visio 中的"连接线"工具、"连接符"形状或"自动连接"功能，可以手动或自动连接各个形状。

1) 使用"连接线"工具手动连接形状

单击"开始"选项卡的"工具"组中的"连接线"按钮，将鼠标放置于需要进行连接的形状的连接点上，当光标变成"十"字形连接线箭头时，向相应形状的连接点拖动鼠标，即可绘制一条连接线。

绘制连接线后，右击连接线，在弹出的快捷菜单中选择连接线类型，可以将连接线类型更改为直角、直线或曲线，如图 5-10 所示。

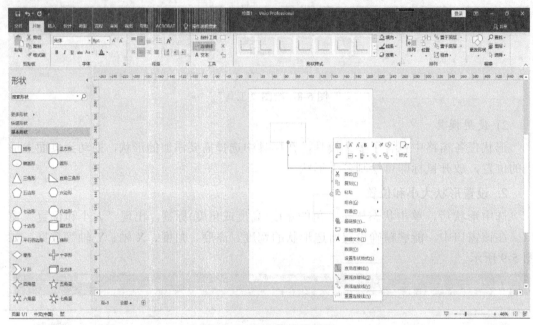

图 5-10　更改连接线类型

2) 使用"连接符"模具中的连接线手动连接形状

在"形状"任务窗格中，单击"更多形状"按钮，在弹出的列表中选择"其他 Visio 方案"中的"连接符"命令，为"形状"任务窗格添加"连接符"模具。在该模具中，选择合适的连接线，拖动到形状的连接点上，即可为形状绘制连接线。绘制后，对连接线进行适当的编辑操作，如图 5-11 所示。

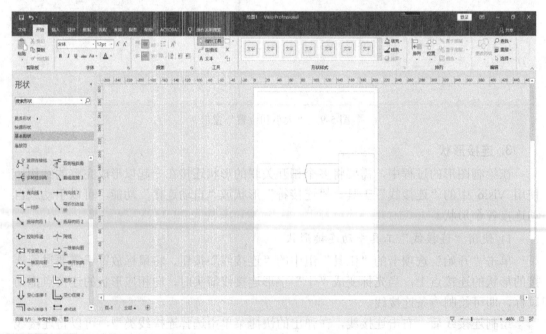

图 5-11　使用"连接符"形状手动连接

3) 使用"自动连接"功能自动连接形状

Visio 提供了"自动连接"功能，选中"视图"选项卡的"视觉帮助"组中的"自动连接"命令，可以启用"自动连接"功能。

启用后，将鼠标放置在绘图页形状上方，当形状四周出现"自动连接"箭头时，单击箭头，即可绘制一条连接线。此时，将鼠标放置在箭头上方，箭头旁边会显示一个浮动工具栏，单击工具栏中的形状即可添加并自动连接所选形状，如图 5-12 所示。

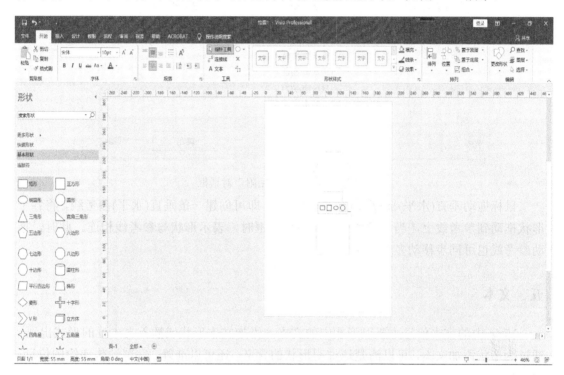

图 5-12　使用"自动连接"功能自动连接

4. 设置图形格式

Visio 2016 内置了主题效果，每种主题都具有默认的形状格式，用来丰富形状颜色和显示效果。除此之外，用户还可以通过设置形状填充颜色、线条样式以及阴影、映像、发光、柔化边缘、棱台、三维旋转等艺术效果来达到自定义美化形状的目的。单击"开始"选项卡的"形状样式"组中的相关按钮，即可设置图形格式。

5. 设置对齐、旋转、组合等

Visio 2016 提供了对齐、分布、旋转、组合以及叠放形状等功能，单击"开始"选项卡的"排列"组中的相关按钮，即可设置图形效果。

绘制多个形状时，如果需要设置对齐效果，还可以使用"参考线"工具。单击"视图"选项卡中的"视觉帮助"组右下角的对话框启动器按钮，在弹出的"对齐和粘附"（正确词应为"黏附"，下同）对话框中，选中"对齐"与"粘附到"选项组中的"参考线"复选框，如图 5-13 所示。

图 5-13　"对齐和粘附"对话框

　　鼠标拖动垂直(水平)标尺边缘处到绘图页，即可创建一条垂直(水平)参考线，将各个形状拖动到参考线上，当参考线上出现绿色方框时，表示形状与参考线相连。此时，拖动参考线也可同步移动多个形状。

五、文本

　　Visio 中的文本信息主要以形状中的文本、添加文本形状或插入文本框的形式出现。通过为形状添加文本，可以清楚地说明形状的含义，还可以准确、完整地传递绘图信息，使图形内容更加清晰。

1. 添加文本

　　可以通过以下几种方式为形状添加文本：

　　(1) 在绘图页中双击形状，进入文字编辑状态，在显示的文本框中直接输入相应的文字，按下 Esc 键或单击其他区域即可完成文本的输入。

　　(2) 单击"开始"选项卡的"工具"组中的"文本"按钮，在形状中绘制文本框并输入文本。

　　(3) 单击"插入"选项卡的"文本"组中的"文本框"按钮，选择"绘制横排文本框"或"竖排文本框"命令，拖动鼠标即可绘制文本框，在该文本框中输入文字。

2. 设置格式

　　插入文本内容后，用户还可以对文本的字体、段落以及形状格式进行设置，以增强文本的表现能力。例如设置文字字体、文字颜色、对齐方式、填充、线条等，单击"开始"选项卡的"字体"组("段落"组、"形状样式"组)中的相关按钮即可设置显示效果。

六、主题

Visio 内置了一系列的主题和变体效果，并允许自定义主题，以提高图形的整体设计水平和制作效率，增加图形的美观性。

主题是一组协调颜色与相关字体、填充、阴影等效果的命令组合。Visio 提供了专业型、现代、新潮和手工绘制 4 大类型 20 多种内置主题样式，如图 5-14 所示。

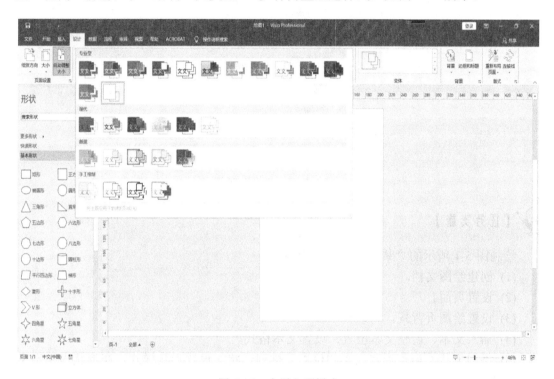

图 5-14　内置主题样式

1. 应用主题

单击"设计"选项卡的"主题"组中的主题样式，即可应用该主题效果。默认情况下所选主题只应用于当前页中，如果要应用到所有页，右击该主题，在弹出的快捷菜单中，选择"应用于所有页"命令。

2. 应用变体

变体样式会随着主题的更改而自动更改，在"设计"选项卡的"变体"组中，提供了 4 种不同背景颜色的变体效果，只需选择其中一种样式即可。

3. 自定义主题

在 Visio 中，不仅可以使用内置主题美化图形，还可以创建自定义主题，自行定义主题的内容。单击"设计"选项卡的"变体"组中的列表框按钮，会出现如图 5-15 所示的下拉列表，在该列表中可以自定义主题颜色、效果、连接线和装饰。

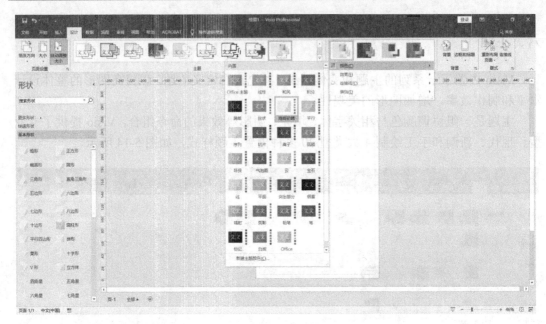

图 5-15　自定义主题

 【任务实施】

绘制图 5-1 所示的"某公司组织结构图"。
(1) 创建绘图文档。
(2) 设置页面。
(3) 设置绘图页背景。
(4) 插入文本、调整文本位置、设置文本格式。
(5) 添加形状、调整形状大小和位置、排列形状、设置形状样式、在形状内编辑文本、设置文本格式。
(6) 绘制连接线连接形状、调整连接线、设置连接线样式。
(7) 保存绘图文档。

任务 2　绘制"均衡饮食结构图"和"网络拓扑结构图"

【任务目标】

知识目标

(1) 了解 Visio 2016 的基础知识；
(2) 了解均衡饮食结构图中的各种符号；
(3) 了解网络拓扑结构图中的各种符号。

技能目标

(1) 掌握图像的基本操作；

(2) 掌握图表的基本操作；

(3) 掌握层的基本操作；

(4) 掌握标注的基本操作；

(5) 掌握容器的基本操作；

(6) 掌握墨迹的基本操作；

(7) 掌握形状数据的基本操作；

(8) 掌握形状报表的基本操作；

(9) 掌握创建均衡饮食结构图的方法；

(10) 掌握创建网络拓扑结构图的方法。

素质目标

通过本项目的学习，学生可在了解和掌握基础理论知识的基础上，获取基本的信息素养，能够绘制工作场合中遇到的各种图形，从而培养分析问题、解决问题的能力，提升团结协作能力和沟通的能力，形成创新能力和创新意识，建立计算机信息素养和积极的创新情感，积淀中华优秀传统文化底蕴，升华服务社会的责任感和使命感。

 【任务描述】

膳食结构是指膳食中各类食物的数量及其在膳食中所占的比重。长期缺乏任何一类食物都会影响身体健康。通过调节各类食物所占的比重，充分利用食物中的各种营养可达到膳食平衡。例如图 5-16 所示的"均衡饮食结构图"中，以三维金字塔结构显示了各类食物的数量。

图 5-16　均衡饮食结构图

拓扑学是一种研究与大小、距离无关的几何图形特性的方法。网络拓扑结构图是指由网络节点设备和通信介质构成的网络结构图，它标明了网络之间设备的分布情况以及连接状态。例如图 5-17 所示的图形就是一个简单的网络拓扑结构图。

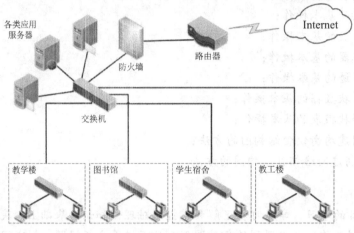

图 5-17　网络拓扑结构图

【相关知识】

一、图像

Visio 2016 中，可以在绘图文档中插入图片、联机图片、CAD 绘图等来增强图形的美观性。

1. 插入图片

单击"插入"选项卡的"插图"组中的"图片"按钮，在弹出的"插入图片"对话框中选择所需的图片，即可将图片插入到绘图文档中。

2. 编辑图片

在绘图页中插入图片后，为了使图片更加美观，并与形状更加融合，用户可以对图片进行调整大小和位置、旋转、裁剪、调整层次关系等一系列的编辑操作。

3. 设置图片格式

对图片进行基本的编辑操作后，还需要对图片格式进行设置。例如，调整图片的亮度、对比度，设置图片线条样式和显示效果等来增加图片的整体美观度。单击"格式"选项卡的"调整"组("图片样式"组)中的相关按钮即可设置图片格式，如图 5-18 所示。

图 5-18　"格式"选项卡

二、图表

Visio 2016 中，可以使用柱形图、折线图、饼图、条形图等图表生动地展示绘图数据。图表不仅可以使绘图数据更有层次性和条理性，还可以准确反映数据之间的关系与变化趋势。

单击"插入"选项卡的"插图"组中的"图表"按钮，Visio 2016 会自动启动 Excel 2016 并插入图表，如图 5-19 所示，此时包含图表(Chart1)与图表数据(Sheet1)两个工作表。

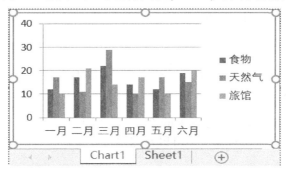

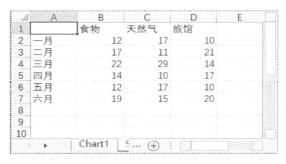

图 5-19　在 Visio 2016 中插入图表

插入图表后，显示的是预置的图表数据和图表类型，用户需要根据实际情况对数据和类型进行修改，还可以对图表进行各种编辑和格式操作，例如调整图表位置、类型、大小，编辑图表数据，设置图表区格式、坐标轴格式、数据系列格式以及图表布局等。

对图表进行编辑和格式操作后，单击绘图页的空白区域，可以进入绘图编辑状态(Visio 2016 软件界面)。双击图表，又可以进入图表编辑状态(Excel 2016 软件界面)。

三、图层

Visio 2016 中，图层是一种特殊对象，可以将不同类别的图形对象分别建立在不同的图层中，使图形更有层次感。

1. 新建图层

单击"开始"选项卡的"编辑"组中的"图层属性"按钮，会出现如图 5-20 所示的对话框，单击"新建"按钮，在弹出的"新建图层"对话框的"图层名称"文本框中输入图层名称，并单击"确定"按钮，即可建立新图层。

图 5-20　"图层属性"对话框(1)

2. 设置图层属性

建立图层后，单击"开始"选项卡的"编辑"组中的"图层属性"按钮，会出现如图 5-21 所示的对话框，在该对话框中可以对图层进行重命名、图层颜色、透明度、是否可见等设置。

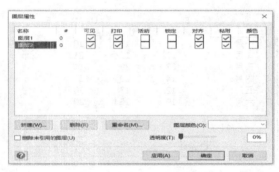

图 5-21　"图层属性"对话框(2)

3. 将形状分配到图层

在创建图层并设置图层属性后，可以为该图层分配形状，将形状添加到图层中。选中绘图文档中的形状，单击"开始"选项卡的"编辑"组中的"图层"按钮，选择"分配到图层"命令，打开"图层"对话框，如图 5-22 所示，在该对话框中选择图层的名称，单击"确定"按钮，即可将形状分配到图层中。

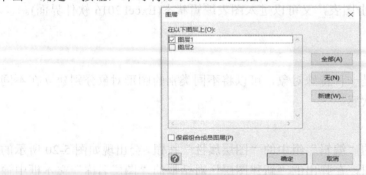

图 5-22　"图层"对话框

四、标注

标注可以为形状提供外部的文字说明、连接形状和文字的连接线。标注与形状关联后，会随其关联的形状而发生移动、复制与删除等操作。

1. 插入标注

Visio 2016 提供了 14 种预置的标注样式。选择要添加标注的形状，单击"插入"选项卡的"图部件"组中的"标注"按钮，在弹出的菜单中选择所需的标注样式，即可为形状插入标注，如图 5-23 所示。

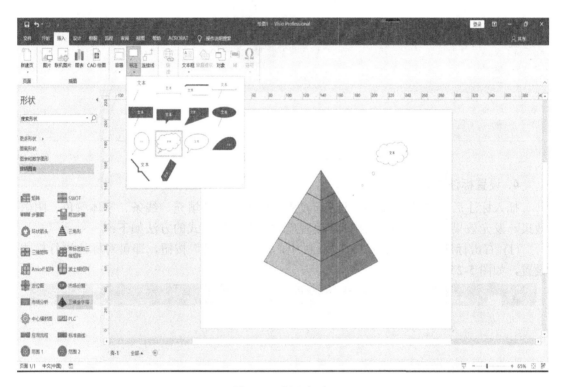

图 5-23 插入标注

插入标注后，可以双击标注或者右击标注执行"编辑文本"命令为标注添加文本。

2. 标注与形状关联

标注既可以作为单独的对象显示，也可以将其关联到形状中，与形状一起移动、复制或删除。

标注与形状关联的方法为：选中标注，拖动标注对象中的黄色控制点，将其连接到形状上，即可将标注与形状关联；反之，将黄色控制点脱离形状，即可取消标注与形状的关联。

3. 更改标注形状

当插入的标注对象与绘图页或形状搭配不合理时，可以右击标注，在出现的悬浮工具栏中单击"更改形状"按钮，选择一种标注形状即可，如图 5-24 所示。

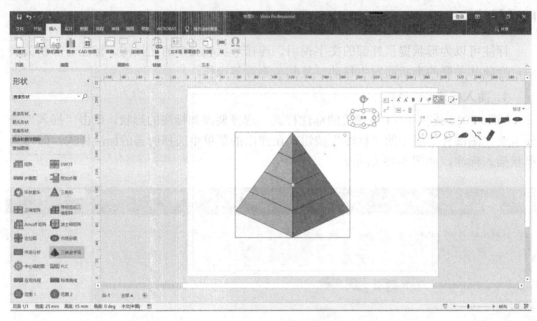

图 5-24　更改标注形状

4. 设置标注格式

插入标注后，可以对标注格式进行设置。例如，设置填充、线条、字体颜色、阴影效果、发光效果等来增加标注的整体美观度。设置标注格式的方法如下：

(1) 右击标注，在出现的悬浮工具栏中，单击"样式"按钮，即可对标注进行格式设置，如图 5-25 所示。

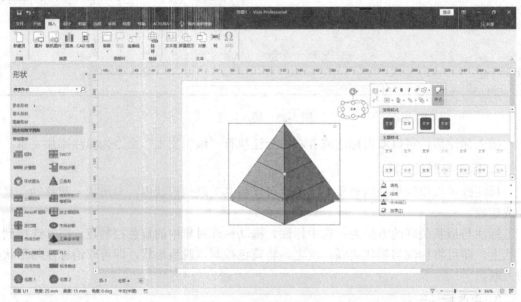

图 5-25　设置标注格式

(2) 右击标注，在弹出的快捷菜单中，单击"设置形状格式"命令，会出现如图 5-26

所示的任务窗格。在该窗格中，可以对标注进行各种格式设置。

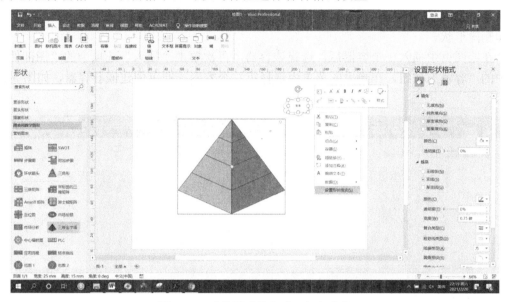

图 5-26　"设置形状格式"任务窗格

五、容器

容器是一种特殊的形状，可以将绘图文档中的局部内容与周围内容分隔开来。

1. 插入容器

Visio 2016 提供了 14 种容器风格，每种容器风格都包含了内容区域和标题区域。单击"插入"选项卡的"图部件"组中的"容器"按钮，在弹出的菜单中选择所需的容器，即可在绘图页中插入容器，如图 5-27 所示。

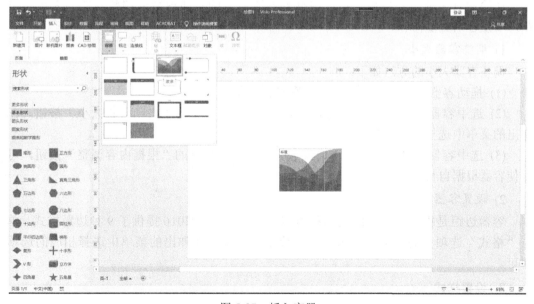

图 5-27　插入容器

在插入容器前，选中绘图页中的形状，可以将所选形状添加到容器中，或者在创建容器之后直接将形状拖动到容器内部。将形状添加到容器中后，通过容器可以移动、复制和删除形状。

在绘图页中插入一个容器后，选择该容器，再次单击"插入"选项卡的"图部件"组中的"容器"按钮，在弹出的菜单中选择第二个容器，即可创建嵌套容器，如图 5-28 所示。

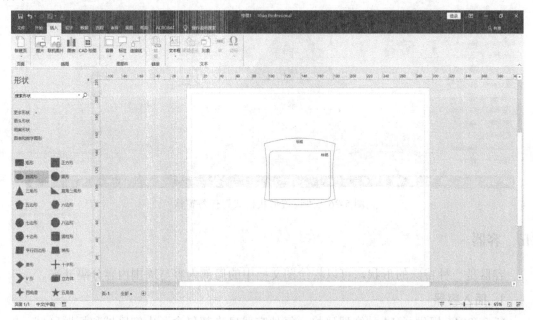

图 5-28　嵌套容器

2. 编辑容器

在绘图页中插入容器后，可以根据容器所包含的具体内容来调整容器的大小和边距，以便容纳更多内容。

1) 调整容器大小

调整容器大小的方法如下：

(1) 拖动容器四周的控制点即可调整容器的大小。

(2) 选中容器，单击"格式"选项卡的"大小"组中的"自动调整大小"按钮，在弹出的菜单中选择相应的选项即可。

(3) 选中容器，单击"格式"选项卡的"大小"组中的"根据内容调整"按钮，可以使容器根据自身内容调整其大小。

2) 设置容器边距

容器边距是指容器形状的边界和内容的间距。Visio 2016 提供了 9 种边距样式，单击"格式"选项卡的"大小"组中的"边距"按钮，在弹出的菜单中选择相应的选项即可。

3. 设置样式

Visio 2016 提供了 14 种容器样式以及相应的标题样式。插入容器后，用户可以根据绘图页的整体风格设置容器的样式与标题样式。

1) 设置容器样式

选中容器，单击"格式"选项卡，在"容器样式"组中选择需要设置的样式即可。

2) 设置标题样式

标题样式主要用来设置容器的标题样式和显示位置，标题样式会根据容器样式改变而自动改变。选中容器，单击"格式"选项卡的"容器样式"组中的"标题样式"按钮，在弹出的菜单中选择所需的样式即可。

4. 定义成员资格

成员资格主要包括锁定容器、解除容器与选择内容三个方面，可以通过设置成员资格的各种属性来编辑容器的内容。

1) 锁定容器

锁定容器可以阻止在容器中添加或删除形状。选中容器，单击"格式"选项卡的"成员资格"组中的"锁定容器"按钮，即可锁定该容器。

2) 解除容器

解除容器是删除容器而不删除容器中的形状。在使用解除容器功能之前，需要先取消锁定容器功能，否则无法使用该功能。选中容器，单击"格式"选项卡的"成员资格"组中的"解除容器"按钮，即可删除该容器。

3) 选择内容

选择内容是指可以选择容器中的形状。选中容器，单击"格式"选项卡的"成员资格"组中的"选择内容"按钮，即可选择容器中的所有成员。

六、墨迹

墨迹工具可以记录鼠标移动的轨迹，方便对形状进行圈选和标记操作。单击"审阅"选项卡的"批注"组中的"墨迹"按钮，即可开始绘制墨迹。图 5-29 所示的墨迹书写工具中，通过"笔"选项卡可以设置墨迹书写工具，笔的颜色、粗细等。

图 5-29　墨迹书写工具

七、形状数据

Visio 2016 中的形状工具不仅可以设置形状的格式，还可以将形状关联到相应的数据中。形状数据是与形状直接关联的一种数据表，主要用于展示与形状相关的各种属性及属性值。

1. 显示/隐藏形状数据窗口

选中形状，单击"数据"选项卡，选中"显示／隐藏"组中的"形状数据窗口"复选框，或右击形状，在弹出的快捷菜单中单击"数据"中的"形状数据"命令，会出现如图 5-30 所示的形状数据窗口。在该窗口中，可以设置形状的相关数据。

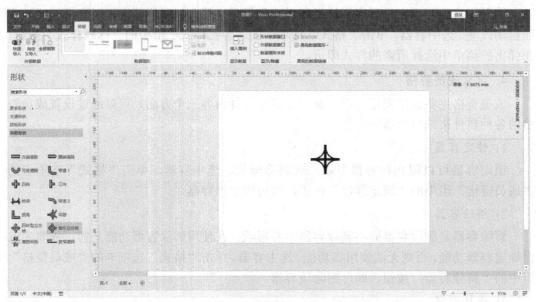

图 5-30　形状数据窗口

2. 定义形状数据

右击形状，在弹出的快捷菜单中单击"数据"中的"定义形状数据"命令，出现如图 5-31 所示的"定义形状数据"对话框，在该对话框中可以定义形状的各项数据。

图 5-31　"定义形状数据"对话框

八、形状报表

Visio 2016 提供了预定义报告的功能，用户可以通过报告来查看与分析形状中的数据。生成形状报表的步骤如下：

(1) 设计好图形后，单击"审阅"选项卡的"报表"组中的"形状报表"按钮，打开"报告"对话框，如图 5-32 所示。

图 5-32　"报告"对话框

(2) 单击"修改…"按钮，在弹出的"报告定义向导"对话框中，如图 5-33 所示，选择所需的单选按钮，单击"下一步"按钮。

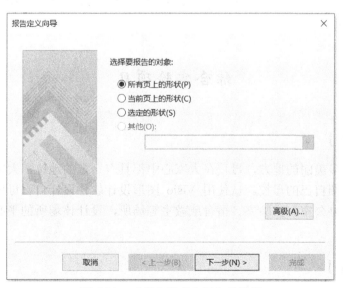

图 5-33　"报告定义向导"对话框

（3）在更新的"报告定义向导"对话框中选择需要的列属性，单击"下一步"按钮。

（4）在更新的"报告定义向导"对话框中输入报告的标题，并根据需要设置小计的方式(计数、总数、平均值、最大值等)、排序方式、格式等，单击"下一步"按钮。

（5）在更新的"报告定义向导"对话框中输入报告定义的名称以及选择保存的位置，单击"完成"按钮，返回"报告"对话框。

（6）在"报告"对话框中单击"运行"按钮，在出现的"运行报告"对话框中选择报告格式(Excel、Html、Visio 形状、XML)，单击"确定"按钮，即可生成报告。

 【任务实施】

1. 绘制图 5-16 所示的"均衡饮食结构图"

（1）创建绘图文档；

（2）设置页面；

（3）添加形状，调整形状大小和位置，设置形状样式；

（4）插入图像，调整图像大小和位置，旋转图像；

（5）插入标注，调整标注大小和位置，设置标注样式，在标注内编辑文本，设置文本格式；

（6）保存绘图文档。

2. 绘制图 5-17 所示的"网络拓扑结构图"

（1）创建绘图文档；

（2）设置页面；

（3）添加形状，调整形状大小和位置；

（4）插入文本，调整文本位置，设置格式；

（5）绘制连接线连接形状，调整连接线，设置连接线样式；

（6）插入容器，调整容器大小和位置，设置标题样式，修改标题文本，设置文本格式；

（7）保存绘图文档。

综合实验项目

【任务描述】

世界上有很多美丽的地方，母校在大家心中都具有一定的地位，大家应该非常乐意向身边的朋友介绍自己的母校。试使用 Visio 图形设计软件设计自己母校的校园建筑规划图；选取某个办公室、实验室、宿舍或教室等场所，设计该场所的平面布局图和网络设备布局图。

 【任务实施】

（1）创建绘图文档；

(2) 设置页面；

(3) 设置绘图页背景；

(4) 插入文本，调整文本位置，设置文本格式；

(5) 添加形状，调整形状大小和位置，排列形状，设置形状样式，在形状内编辑文本，设置文本格式；

(6) 绘制连接线连接形状，调整连接线，设置连接线样式；

(7) 保存绘图文档。

项目六　计算机网络及 Internet

计算机网络是计算机技术和通信技术相结合的产物。以因特网为代表的计算机网络打破了地理位置的束缚，渗透到人们的生活、工作、学习、娱乐等方面，成为人们获取信息的重要途径，改变了社会结构和人们的生活方式。

本项目学习计算机网络理论知识并熟悉计算机网络操作。通过本项目的学习，理解计算机网络的基础知识，掌握计算机网络的基本操作，对计算机网络有初步了解，以便更好地服务于其他学科的学习。

任务1　双绞线的制作

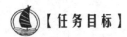 【任务目标】

知识目标

(1) 了解双绞线和水晶头的组成结构和使用方法；
(2) 理解双绞线通信的基本原理和影响通信性能的因素；
(3) 了解双绞线的两种不同类型及区别；
(4) 了解各网络设备之间连接的特点。

技能目标

(1) 掌握双绞线的制作方法；
(2) 掌握双绞线性能测试方法。

素质目标

本任务旨在让学生具备计算机网络技术基础知识；具有较强的计算机网络技术实践能力；具备小组协作学习能力和创新能力。

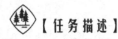 【任务描述】

本任务需要准备制作双绞线所需的材料和工具；观察双绞线的组成和颜色以及RJ-45 水晶头的结构；练习剥线钳和双绞线专用压线钳等工具的使用；熟悉双绞线的两种接法；根据需要确定双绞线的类型；进行双绞线的制作；网线性能检测，用测线仪检

测验证网线是否连接正常。

【相关知识】

一、双绞线的分类

双绞线是由两根绝缘铜导线拧成规则的螺旋状结构构成的。绝缘外皮是为了防止两根导线短路。每根导线都带有电流，并且其信号的相位差保持 180°，目的是抵消外界电磁干扰对两股电流的影响。螺旋状结构可以有效降低电容(电流流经导线过程中，电容可能增大)和串扰(两根导线间的电磁干扰)。把若干对双绞线捆扎在一起，外面再包上保护层，就是常见的双绞线电缆。

根据有无屏蔽层，双绞线可分为以下两种：

(1) 屏蔽双绞线(Shielded Twisted Pair，STP)。STP 网线很少会使用到，一般都是在电磁干扰强的环境下才会使用。屏蔽双绞线在双绞线与外层绝缘封套之间有一个金属屏蔽层，分为单屏蔽双绞线和双屏蔽双绞线，如图 6-1 所示。

 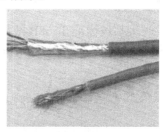

单屏蔽双绞线　　　　　　　　　　　　双屏蔽双绞线

图 6-1　屏蔽双绞线(STP)

(2) 非屏蔽双绞线(Unshielded Twisted Pair，UTP)。UTP 网线应用于没有干扰的环境，因为没有屏蔽层，它的直径比屏蔽双绞线小。在综合布线系统中，非屏蔽双绞线广泛应用于以太网络和电话线中，如图 6-2 所示。

图 6-2　非屏蔽双绞线(UTP)

二、双绞线序列标准

标准 T568A 采用的线序是绿白、绿、橙白、蓝、蓝白、橙、棕白、棕。标准 T568B 采用的线序是橙白、橙、绿白、蓝、蓝白、绿、棕白、棕，此线序是常用的连接线序，如图 6-3 所示。

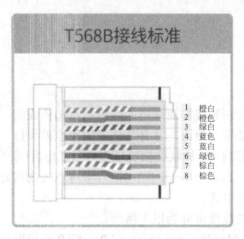

图 6-3　T568B 线序

三、双绞线类型

直通线两头都按标准 T568B 线序连接，用于不同设备之间的互联。交叉线一头按标准 T568A 线序连接，一头按标准 T568B 线序连接，用于同种设备之间的互联。

【任务实施】

(1) 准备制作双绞线所需的材料和工具：双绞线、RJ-45 水晶头、剥线钳、双绞线专用压线钳等。

(2) 观察双绞线的组成和颜色以及 RJ-45 水晶头的结构。

(3) 练习剥线钳和双绞线专用压线钳等工具的使用。

(4) 熟悉双绞线的两种接法：T568A 和 T568B。

(5) 根据需要确定双绞线的类型：直通线和交叉线。

(6) 双绞线的制作。

双绞线制作步骤如下：

① 用双绞线网线钳把双绞线的一端剪齐，然后把剪齐的一端插入到网线钳用于剥线的缺口中。顶住网线钳后面的挡位以后，握紧网线钳并慢慢旋转一圈，让刀口划开双绞线的保护胶皮并剥除外皮，如图 6-4 所示。

② 剥除外包皮后露出双绞线的 4 对芯线，用户可以看到每对芯线的颜色各不相同。将绞在一起的芯线分开，按照 T568B 或者 T568A 线序排列，并用网线钳将线的顶端剪齐。

③ 将 RJ-45 水晶头的弹簧卡朝下，然后将正确排

图 6-4　剥线

列的双绞线插入 RJ-45 水晶头中。在插入双绞线的时候一定要将各条芯线都插到底部。由于 RJ-45 水晶头是透明的，因此可以观察到每条芯线插入的位置，如图 6-5 所示。

④ 将插入双绞线的 RJ-45 水晶头插入网线钳的压线插槽中，用力压下网线钳的手柄，使 RJ-45 水晶头的针脚都能接触到双绞线的芯线，如图 6-6 所示。

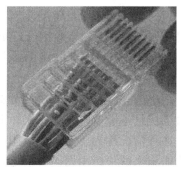

图 6-5　将双绞线插入 RJ-45 水晶头　　图 6-6　将 RJ-45 水晶头插入压线插槽

⑤ 完成双绞线一端的制作工作后，按照相同的方法制作另一端即可。注意，双绞线两端的芯线排列顺序要完全一致。

(7) 双绞线性能检测，用测线仪检测验证网线是否连接正常。将双绞线两端分别插入测线仪，打开测线仪开关，测试指示灯亮。若两排的指示灯同步亮起，说明连接正常；若两排指示灯没有同步亮起，说明连接有问题，应重新制作。

任务 2　无线路由器的设置

【任务目标】

知识目标

(1) 理解路由器的功能及工作原理；
(2) 了解路由器的分类。

技能目标

掌握无线路由器的配置方法。

素质目标

本任务旨在让学生具备计算机网络技术基础知识；具有较强的计算机网络技术实践能力；具备小组协作学习能力和创新能力。

【任务描述】

设置 TP-LINK 无线路由器，具体包括硬件连接，设置计算机网络，设置路由器，其他的无线参数设置，实现无线网络的连接。

【相关知识】

一、路由器

路由器是一种典型的网络层设备，使用它可在两个局域网之间按帧传输数据，用来实现不同网络间的地址翻译、协议转换和数据转换等功能，一般用于广域网之间的连接或广域网与局域网之间的连接。常用的路由器分为面向连接的路由器和无连接的路由器。

路由器的主要功能是路由选择和流量控制。路由选择就是在网络中为分组寻找一条通往目的网络的最佳或最短路径。若路由器分组过快且不能及时发送出去，其有限的缓冲器不足以存放新来的分组，会造成分组丢弃，这种情况称为"阻塞"。阻塞会导致网络性能变差，甚至造成"死锁"，因此必须采用措施来解决路由器阻塞问题，如用定额控制法限制子网发送分组的速度。

根据对网络层协议支持的情况，路由器分为单协议路由器和多协议路由器。单协议路由器仅支持一种网络层协议，只能互联使用相同网络层协议的网络；多协议路由器则支持多种网络协议，可以互联更多、更复杂的异构型网络。近年来出现了交换路由器产品，是把交换机的原理组合到路由器中，使数据传输能力更快、更好。

二、无线路由器

无线路由器带有无线覆盖功能，用于用户上网，如图 6-7 所示。

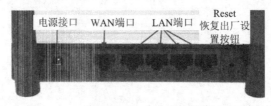

图 6-7　无线路由器

无线路由器可以看作一个转发器，将墙上接出的宽带网络信号通过天线转发给附近的无线网络设备(笔记本电脑、支持 Wi-Fi 的手机以及所有带有 Wi-Fi 功能的设备)。

市场上流行的无线路由器一般只能支持半径 15～20 米以内的设备同时在线使用。现在已经有部分无线路由器的信号范围达到了半径 300 米。

【任务实施】

1. 硬件连接

首先将外网网线连接在 TP-LINK 上的 WAN 口，然后用一根网线连接电脑和 TP-LINK，一般 TP-LINK 上面有若干个口，分别用数字 1、2、3、4 表示，用户随意插入除 "WAN" 口外的任一口都可以，如图 6-8 所示。

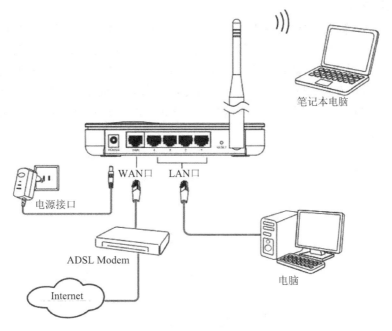

图 6-8　硬件连接

2. 设置计算机网络

单击"开始"按钮，设置网络和 Internet，在右侧状态栏找到"更改适配器选项"后单击进入，在打开的窗口中右击"以太网"，在快捷菜单中选择"属性"命令，然后双击"Internet 协议版本(TCP/IPv4)"，选择"自动获得 IP 地址""自动获得 DNS 服务器地址"，点击"确定"完成，如图 6-9 所示。

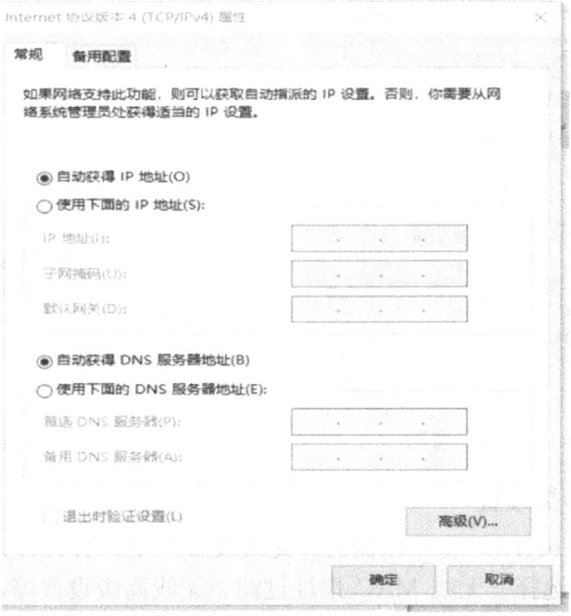

图 6-9　设置计算机网络

3. 设置路由器

打开浏览器，输入"192.168.1.1"，然后按回车键，进入登录界面，如图 6-10 所示。输入 TP-LINK 的用户名和密码，一般初始用户名和密码为"admin(无线路由器的背面)"，如图 6-11 所示。进入路由器设置页面，单击"下一步"按钮，选择上网方式，继续单击"下一步"按钮，设置上网参数，然后设置无线参数，在此用户可以设置自己的无线用户名和密码(SSID 用来设置无线网络用户名，PSK 用来设置无线网络密码)，如图 6-12 所示，然后单击"重启"完成设置。

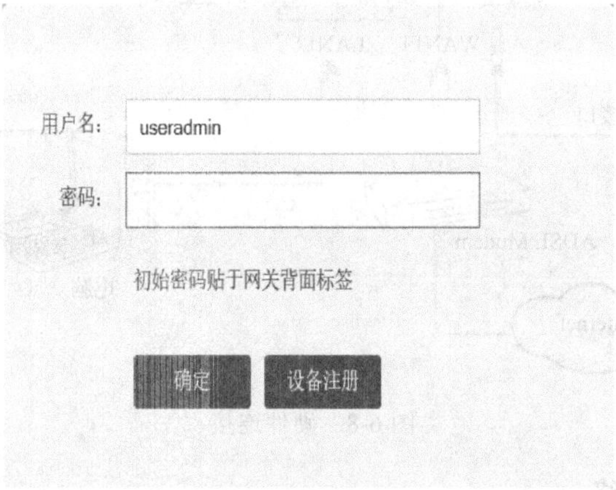

图 6-10   输入 TP-LINK 的用户名和密码

图 6-11   初始用户名和密码

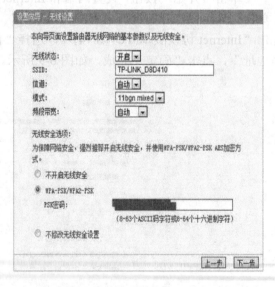

图 6-12   无线路由器设置页面

4. 其他的无线参数设置

在打开的"192.168.1.1"窗口左侧的"无线设置"里，有各种无线高级设置，包括"无线安全设置"的选择、无线 MAC 地址过滤、无线高级设置等。用户可以根据自己的需要设置，如图 6-13 所示。

图 6-13　无线参数设置

5. 无线网络的连接

首先确保计算机的无线功能处于打开状态，在 Windows10 系统里，单击桌面右下角的无线图标，选择自己设置的无线网络，输入密码，如图 6-14 所示。

图 6-14　无线网络的连接

任务 3　IP 地址的设置

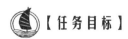【任务目标】

知识目标

(1) 了解 IP 地址和子网掩码的特点；

(2) 熟悉不同类别的 IP 地址。

技能目标

掌握 IP 地址的设置。

素质目标

本任务旨在让学生具备计算机网络技术基础知识；具有较强的计算机网络技术实践能力；具备小组协作学习能力和创新能力。

 【任务描述】

手动设置计算机 IP 地址，具体包括打开网络与共享中心；设置本地连接属性；更改主机网络参数。

 【相关知识】

一、IP 地址

IP 地址类似于信封上的地址，标清楚收信人的地址、姓名、邮政编码、发信人的地址等，信件才能准确寄达收信人手中。Internet 中的通信也与人们日常生活中通信的情况类似，需要标识发信和收信的地址，这就是人们常说的 IP 地址。人们寄信时用汉字书写地址，而计算机只"认识"二进制语言，只能辨识用 0 和 1 这两个数字组合成的数字序列，计算机网络中的 IP 地址是由二进制数组成的。目前，计算机的主机地址用 32 位二进制数来标识。例如某台主机的 IP 地址为：

11001010　01110011　01010000　00000001

32 位长的二进制数难以记忆，一般将其按 8 位为一组，用小数点"."将它们隔开，以十进制数形式表示出来，称之为点分十进制。这样上述 IP 地址就可写成如表 6-1 所示的形式。

表 6-1　IP 地址表示

二进制	11001010	01110011	01010000	00000001
十进制	202.	115.	80.	1
缩写 IP 地址	202.115.80.1			

二、IP 地址分类

每个 IP 地址由网络标识(NetID)和主机标识(HostID)两部分组成，分别表示一台计算机所在的网络和在该网络内的这台计算机。IP 地址按第一个字节的前几位是 0 或 1 的组合，标识为 A、B、C、D、E 五类地址，其中 A 类、B 类和 C 类是基本类型，最常用，

D 类为多路广播地址，E 类为保留地址，用于实验性地址，如图 6-15 所示。

图 6-15　IP 地址类型

A 类地址：共有 128 个，A 类地址第一个字节的第一位为 0，网络内的主机数可以达到 678 万台，均分配给大型网络使用。

B 类地址：共有 16384 个，B 类地址前两位的组合为 10，适用于中等规模的网络，每个网络内的主机数目最多可以达到 65534 台。

C 类地址：约有 419 万个，C 类地址前三位的组合为 110，分配给小型网络，每个网络内的主机数目最多为 254 台。

D 类地址：前四位组合为 1110。

E 类地址：前五位组合为 11110。

D 类和 E 类地址有特殊的用途。

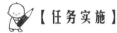【任务实施】

1. 打开网络与共享中心

右击桌面上的"网络"，在快捷菜单中选择"属性"，打开网络和共享中心窗口，在左侧选择"更改适配器设置"，如图 6-16 所示。

图 6-16　网络和共享中心窗口

2. 设置以太网属性

在打开的"网络连接"窗口中选择"以太网",右击在快捷菜单中选择"属性"。在"以太网属性"对话框中选择"Internet 协议版本 4(TCP/IPv4)",单击"属性",如图 6-17 所示。

图 6-17　"以太网属性"对话框

3. 更改主机网络参数

若路由器为默认设置,那么主机网络参数设置(见图 6-18)为:

IP:192.168.1.x(2-254)

掩码:255.255.255.0

网关:192.168.1.1

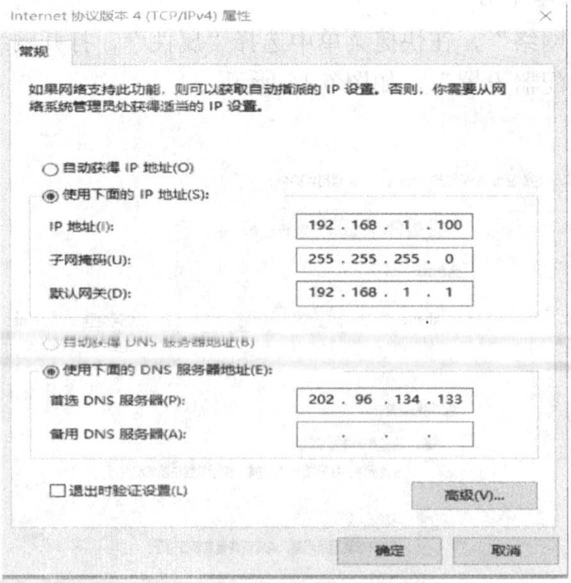

图 6-18　TCP/IP 属性对话框

任务4 常用路由命令

【任务目标】

知识目标

(1) 熟悉各命令的使用方法；
(2) 熟悉各命令的用途。

技能目标

(1) 掌握通过命令查看 TCP/IP 配置信息；
(2) 掌握检查网络连接的命令方法。

素质目标

本任务旨在让学生具备计算机网络技术基础知识；具有较强的计算机网络技术实践能力；具备小组协作学习能力和创新能力。

【任务描述】

显示所有网络适配器的完整 TCP/IP 配置信息；检查网络是否通畅及网络连接速度。

【相关知识】

一、ipconfig 命令

ipconfig 是一个 DOS 命令，用于显示当前电脑的 TCP/IP 网络配置值。
总的参数简介：
(1) ipconfig /all：显示本机 TCP/IP 配置的详细信息；
(2) ipconfig /release：DHCP 客户端手工释放 IP 地址；
(3) ipconfig /renew：DHCP 客户端手工向服务器刷新请求；
(4) ipconfig /flushdns：清除本地 DNS 缓存内容；
(5) ipconfig /displaydns：显示本地 DNS 内容；
(6) ipconfig /registerdns：DNS 客户端手工向服务器进行注册；
(7) ipconfig /showclassid：显示网络适配器的 DHCP 类别信息；
(8) ipconfig /setclassid：设置网络适配器的 DHCP 类别；
(9) ipconfig /renew "Local Area Connection"：更新"本地连接"适配器的由 DHCP 分配 IP 地址的配置；
(10) ipconfig /showclassid Local*：显示名称以 Local 开头的所有适配器的 DHCP 类别 ID；

(11) ipconfig /setclassid "Local Area Connection" TEST：将"本地连接"适配器的 DHCP 类别 ID 设置为 TEST。

二、Ping 命令

Ping 是一种计算机网络诊断工具，用于测试互联网协议网络上主机的可达性。它几乎适用于所有具有网络功能的操作系统，包括大多数嵌入式网络管理软件。

Ping 测量的是消息从源主机发送到目标计算机并返回到源主机的往返时间。这个名字源于主动声呐的术语，指的是通过发出声音脉冲，并听回声来探测水下物体。

Ping 通过向目标主机发送因特网信报控制协议(ICMP)回显请求数据包并等待 ICMP 回显回复来实现。该程序可以报告错误、数据包丢失和结果的统计摘要，通常包括往返时间的最小值、最大值、平均值以及平均值的标准差。

【任务实施】

在开始菜单，打开命令提示符(cmd)，输入以下命令，确定之后查看结果。

(1) ipconfig/all——显示所有网络适配器(网卡、拨号连接等)的完整 TCP/IP 配置信息，如图 6-19 所示。

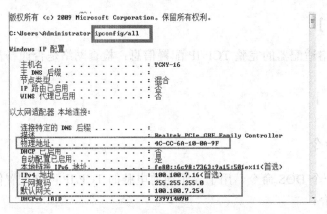

图 6-19　ipconfig 命令

(2) Ping 命令——用来检查网络是否通畅或者网络连接速度的命令，如图 6-20 所示。

Ping IP 地址：确定本地主机是否能与另一台主机成功交换(发送与接收)数据包，再根据返回的信息，就可以推断 TCP/IP 参数是否设置正确、运行是否正常、网络是否通畅等。

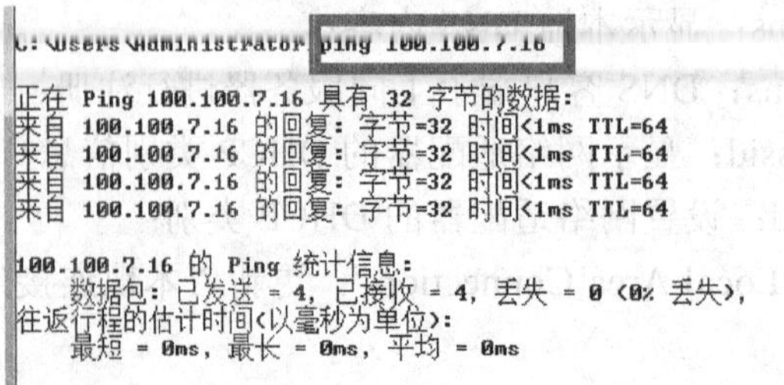

图 6-20　Ping 命令

任务 5　资源共享的设置

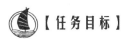【任务目标】

知识目标

(1) 熟悉查看 TCP/IP 协议配置参数；
(2) 熟悉局域网资源共享的管理和使用方法。

技能目标

(1) 掌握 Windows 系统用户在局域网设置资源共享的方法；
(2) 掌握打印机共享的方法。

素质目标

本任务旨在让学生具备计算机网络技术基础知识；具有较强的计算机网络技术实践能力；具备小组协作学习能力和创新能力。

【任务描述】

查看本地计算机的 TCP/IP 协议配置参数。在本地计算机 D 盘下建立自己的班级文件夹(如机电 2001)，在班级文件夹中建立个人文件夹(命名为：学号后两位 + 姓名)，将班级文件夹进行局域网共享设置。设置后，检查共享是否设置成功。将本地计算机连接的打印机进行共享设置。

【相关知识】

网络上的计算机彼此之间可以实现硬件、软件和数据资源共享，随着信息时代的到来，资源共享具有重大的意义。首先，从投资角度考虑，网络上的用户可以共享使用打印机、扫描仪等，这样就节省了资金。其次，现代的信息量越来越大，单一的计算机已经不能将其储存，只能分布在不同的计算机上，网络用户可以共享这些信息资源。再次，现在计算机软件层出不穷，在这些浩如烟海的软件中，不少是免费共享的，这是网络上的宝贵财富，任何接入网络的用户，都有权利使用它们。

【任务实施】

1. 查看本地计算机的 TCP/IP 协议配置参数

参考本项目任务 3 中"IP 地址的设置"。

2. 设置共享

将 D 盘下的班级文件夹进行局域网共享设置。设置后，检查共享是否设置成功。

(1) 双击桌面上的"此电脑"图标，打开 D 盘，选中要共享的文件夹"机电 2001"。

(2) 右键单击文件夹，在弹出的快捷菜单中选择"属性"命令，打开"机电 2001 属性"对话框，切换到"共享"选项卡，如图 6-21 所示，单击"高级共享"命令。

图 6-21　"机电 2001 属性"对话框

(3) 在打开的"高级共享"对话框中，选中"共享此文件夹"复选框，如图 6-22 所示，单击"权限"按钮，打开"机电 2001 的权限"对话框，设置 Everyone 共享文件夹权限，如图 6-23 所示。如果需要添加组或用户名，可以通过单击"添加"按钮完成。

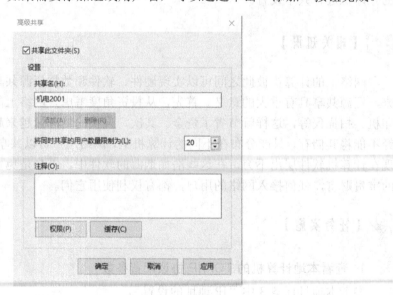

图 6-22　"高级共享"对话框

图 6-23　"机电 2001 的权限"对话框

(4) 设置共享后，如果希望其他用户访问该台计算机时不用输入用户名和密码。可以右击桌面上的"网络"图标，在弹出的快捷菜单中选择"属性"命令，在打开的"网络和共享中心"窗口中，单击左侧"更改高级共享设置"链接，在打开的"高级共享设置"窗口中打开"所有网络"，选择"无密码保护的共享"单选按钮，如图6-24 所示。

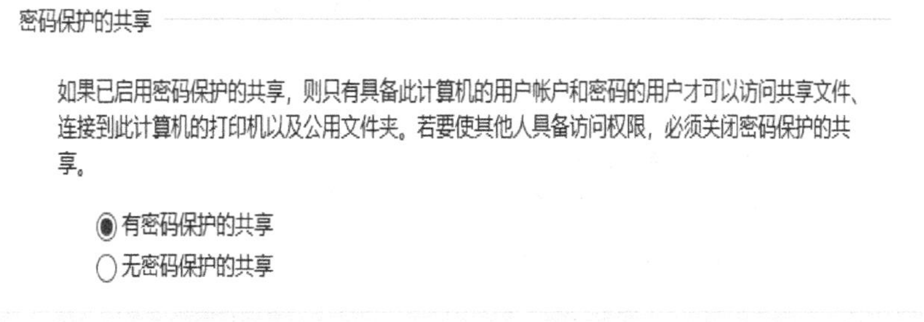

密码保护的共享

如果已启用密码保护的共享，则只有具备此计算机的用户帐户和密码的用户才可以访问共享文件、连接到此计算机的打印机以及公用文件夹。若要使其他人具备访问权限，必须关闭密码保护的共享。

◉ 有密码保护的共享
○ 无密码保护的共享

图 6-24　无密码保护共享

(5) 在同一局域网内的其他计算机桌面上，双击"网络"图标，在打开的网络窗口中可以显示联网的所有计算机名，双击目标计算机名，看到共享文件夹即说明共享设置成功。

3. 共享打印机

在主电脑(需要将打印机设置为共享的电脑)上双击"此电脑"，在搜索框输入"控制面板"然后回车进入控制面板选项。在控制面板界面打开"硬件和声音"目录下的

"查看设备和打印机"选项，打开的界面如图 6-25 所示。

图 6-25　设备和打印机对话框

　　右击图 6-25 中需要共享的打印机图标，打开"打印机属性"对话框，如图 6-26 所示。在共享菜单中勾选"共享这台打印机"，共享名自选，单击确定即可。打印机共享后，同工作组的其他计算机就可以访问并使用这台打印机了。

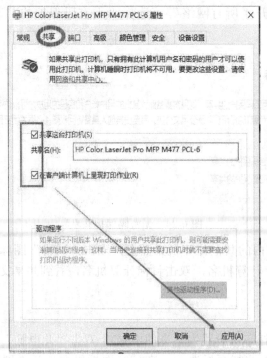

图 6-26　打印机属性对话框

任务 6　Internet 的基本服务

【任务目标】

知识目标

(1) 熟悉常见的浏览器种类；

(2) 熟悉 IE 浏览器的基本操作；

(3) 熟悉不同类型文件资源的检索和获取方法；

(4) 熟悉电子邮箱格式。

技能目标

(1) 掌握 IE 浏览器的常用操作；

(2) 掌握 Internet 上信息的检索和获取；

(3) 掌握文件的上传和下载；

(4) 掌握电子邮箱的申请和使用；

(5) 掌握校园网资料的下载和保存。

素质目标

本任务旨在让学生具备计算机网络技术基础知识；具有较强的计算机网络技术实践能力；具备小组协作学习能力和创新能力。

【任务描述】

1. 创建文件夹

在桌面上新建一个文件夹，命名为自己的学号后两位 + 姓名，以下文件均保存到该文件夹中。

2. IE 浏览器的使用

(1) 在收藏夹中建立三个文件夹：学校、购物和视频。在每个文件夹中添加两个相应的网页，如将运城学院的网页添加到学校文件夹中，添加后导出收藏夹到自己的文件夹中。

(2) 设置浏览器的默认主页为 http://www.baidu.com/，并删除浏览历史记录，将设置时打开的对话框截图，以图片文件格式保存，命名为"Internet 选项设置"。

(3) 设置 Internet 临时文件要使用的磁盘空间、网页保存在历史记录中的天数以及 Internet 区域的安全级别。

3. 信息的搜索和下载

(1) 搜索"天才出于勤奋"的相关信息，以网页形式(要求保存类型为"网页，仅

HTML")保存，命名为"天才出于勤奋"。

(2) 搜索并下载一幅自己喜欢的图片，以图片文件格式保存，命名为"图片1"。

(3) 搜索并下载一幅自己喜欢的透明背景图片，以图片文件格式保存，命名为"图片2"。

(4) 搜索并下载一首自己喜欢的歌曲，以音频文件格式保存，命名为"音乐"。

4. 校园网的使用

(1) 在校园网下载一则本系的新闻或通知，以 Word 文档保存，命名为"本系新闻"。

(2) 在校园网下载本班本学期的课表，以 Word 文档保存，命名为"班级课表"。

(3) 在校园网(中国知网)下载一篇与本专业有关的论文，命名为"论文"。

(4) 下载阅读器，并阅读下载的论文。

5. 电子邮箱的使用

申请一个电子邮箱，将桌面上自己的文件夹压缩后以附件形式发送给自己和一位好友的邮箱，将发送的页面截图以图片文件格式保存，命名为"邮件发送"。

【相关知识】

一、常见的浏览器

目前常使用的浏览器有 Internet Explorer、360 安全浏览器、谷歌浏览器、QQ 浏览器、百度浏览器、搜狗浏览器、UC 浏览器等。浏览器是浏览网页的最基本工具，是最经常使用到的客户端程序。

1. Internet Explorer

Internet Explorer 简称 IE，是 Windows 操作系统自带的一款网络浏览器，也是目前市场上占有率最高的浏览器，主要原因在于它捆绑于 Windows 操作系统中，而个人电脑的操作系统基本上都是微软的 Windows，所以 IE 几乎覆盖了整个市场，用户也习惯了使用 IE 浏览器，其成为使用最广泛的网页浏览器。

2. 360 安全浏览器

360 安全浏览器简称"360SE"，是互联网上非常好用和安全的新一代浏览器，它以全新的安全防护技术向浏览器安全界发起了挑战，号称全球首个"防挂马"浏览器。360 安全浏览器拥有全国最大的恶意网址库，采用恶意网址拦截技术，可自动拦截挂马、欺诈、网银仿冒等恶意网址。

除了安全防护方面具有"百毒不侵"的优势以外，360 安全浏览器在速度、资源占用、防假死不崩溃等基础特性上同样表现优异，在功能上则拥有翻译、截图、鼠标手势、广告过滤等几十种实用功能。

二、网络资源类型

(1) 文本：指以文字和各种专用符号表达信息的形式。

(2) 图形：一般指矢量图，如几何图形、统计图、工程图等。

(3) 图像：图像是自然空间照片，通过扫描仪、数字照相机等输入设备捕捉的真实场景画面，数字化后以位图文件形式存储。

(4) 声音：音频包括话语、音乐以及各种动物和自然界发出的各种声音。

(5) 动画：指表现连续动作的图形或图像，如缩放、旋转、淡入淡出等。

(6) 视频：视频是指由摄像机、录像机等拍摄的真实生活和自然场景的活动画面，数字化后以视频文件格式存储。

三、搜索引擎

搜索引擎是根据用户需求与一定算法，运用特定策略从互联网检索出指定信息反馈给用户的一门检索技术。搜索引擎依托于多种技术，如网络爬虫技术、检索排序技术、网页处理技术、大数据处理技术、自然语言处理技术等，为信息检索用户提供快速、高相关性的信息服务。搜索引擎技术的核心模块一般包括爬虫、索引、检索和排序等，同时可添加其他一系列辅助模块，为用户创造更好的网络使用环境。常用的搜索引擎有百度、搜狗、360、谷歌等。

四、电子邮箱

电子邮箱是指通过网络为用户提供交流的电子信息空间，既可以为用户提供发送电子邮件的功能，又能自动为用户接收电子邮件，同时还能对收发的邮件进行存储，但在存储邮件时，电子邮箱对邮件的大小有严格规定。

Internet 上的每个主机都有一个唯一的域名地址，使用电子邮件的用户须向电子邮件服务器申请一个用户邮箱，即申请一个电子邮件地址，其格式为"用户邮箱名@邮件服务器主机域名"，例如 lili@163.com，表示用户邮箱名为 lili，邮件服务器主机域名为163.com，中间由@间隔。常用的电子邮箱有 163 邮箱、QQ 邮箱、新浪邮箱、139 邮箱、126 邮箱等。

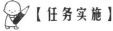 【任务实施】

1. 创建文件夹

在桌面上新建一个文件夹，命名为自己的学号后两位＋姓名，以下文件均保存到该文件夹中。

2. IE 浏览器的使用

(1) 在收藏夹中建立三个文件夹：学校、购物和视频。在每个文件夹中添加两个相应的网页，如将运城学院的网页添加到学校文件夹中，添加后导出收藏夹到自己的文件夹中。

① 打开 IE 浏览器，单击"收藏夹"菜单下的"整理收藏夹"命令，在打开的"整理收藏夹"对话框中新建三个文件夹：学校、购物和视频。

② 关闭"整理收藏夹"对话框后，打开"运城学院"网站主页，单击"收藏夹"菜单下的"添加到收藏夹"命令，在打开的"添加收藏"对话框中单击"创建位置"后的下拉按钮，在展开的列表中选择"学校"文件夹，单击"添加"按钮，完成运城学院主页收藏。使用同样方法分别在三个文件夹下完成相应网页的收藏。

③ 单击"文件"菜单下的"导入和导出"命令，在打开的"导入/导出设置"对话框中，根据向导提示完成收藏夹的导出。

(2) 设置浏览器的默认主页为http://www.baidu.com/，并删除浏览历史记录，将设置时打开的对话框截图，以图片文件格式保存，命名为"Internet 选项设置"。

① 在浏览器地址栏中输入 www.baidu.com，进入百度网站的首页。

② 单击菜单栏中的"工具"菜单，在下拉菜单中单击"Internet 选项命令"，在打开的"Internet 选项"对话框中切换到常规选项卡，如图 6-27 所示。

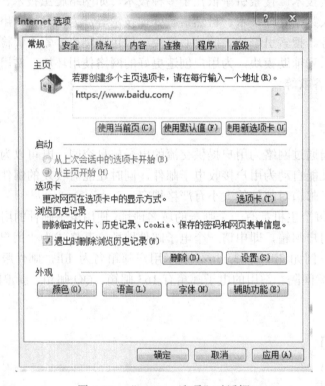

图 6-27　"Internet 选项"对话框

③ 在主页选项组中单击"使用当前页"按钮，单击"确定"按钮，即可完成设置。

另外，如果在主页文本框中输入相应的主页地址，然后单击"确定"按钮，可以将当前输入的地址设置为主页。单击"使用默认值"按钮，可以使用浏览器生产商 Microsoft 公司的首页作为主页；单击"使用空白页"按钮，系统将设置一个不含任何内容的空白页为主页，即 about:blank，这时启动 IE 浏览器将不打开任何 Web 页。

④ 在"常规"选项卡中，在"浏览历史记录"选项组中单击"删除(D)…"按钮，在弹出的"删除浏览历史记录"对话框中选择要删除的选项，如图 6-28 所示。

⑤ 单击"删除"按钮，返回"Internet 选项"对话框，单击"确定"按钮确认操作

即可。

　　⑥ 使用"附件"中的截图工具完成页面截图和保存。

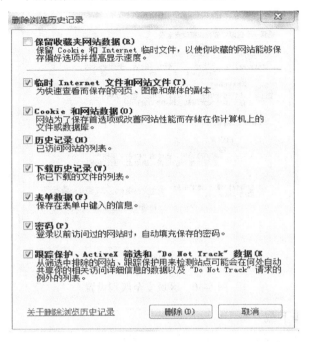

图 6-28　"删除浏览历史记录"对话框

　　(3) 设置 Internet 临时文件要使用的磁盘空间、网页保存在历史记录中的天数以及 Internet 区域的安全级别。

　　在"常规"选项卡中，在"浏览历史记录"选项组中单击"设置"按钮，在弹出的 "网站数据设置"对话框中进行相应设置，如图 6-29 所示。

图 6-29　"网站数据设置"对话框

在"安全"选项卡中，设置区域的安全级别，如图 6-30 所示。

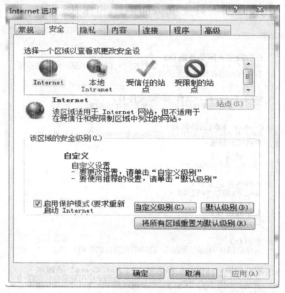

图 6-30　区域安全级别设置

3. 信息的搜索和下载

(1) 搜索"天才出于勤奋"的相关信息，以网页形式(要求保存类型为"网页，仅 HTML")保存，命名为"天才出于勤奋"。

① 打开百度首页，在网页搜索框中输入关键词"天才出于勤奋"。

② 在打开的搜索结果页面，单击需要的内容链接。

③ 在打开的页面中，单击"文件"菜单下的"另存为"命令。

④ 在"保存网页"对话框中，选择保存位置到自己的文件夹，保存类型为"网页，仅 HTML"，输入文件名"天才出于勤奋"，单击"保存"按钮。

(2) 搜索并下载一幅自己喜欢的图片，以图片文件格式保存，命名为"图片 1"。

① 打开百度首页，在"更多产品"中单击"图片"。

② 在打开的"百度图片"网页搜索框中，输入关键词。

③ 在打开的搜索结果页面中，单击喜欢的图片。

④ 在图片上单击鼠标右键，在弹出的快捷菜单中选择"图片另存为"命令，将该图片保存到自己的文件夹中，命名为"图片 1"。

(3) 搜索并下载一幅自己喜欢的透明背景图片，以图片文件格式保存，命名为"图片 2"。

参考步骤(2)，完成透明背景图片的搜索、下载和保存。

(4) 搜索并下载一首自己喜欢的歌曲，以音频文件格式保存，命名为"音乐"。

参考步骤(2)，完成歌曲的搜索、下载和保存。

4. 校园网的使用(以运城学院为例)

(1) 在校园网下载一则本系的新闻或通知，以 word 文档保存，命名为"本系新闻"。

① 在自己的文件夹中新建一个 word 文档，命名为：本系新闻。

② 打开 IE 浏览器，在地址栏输入运城学院网址：http://www.ycu.edu.cn ，打开网

站主页。

③ 单击主页标签"院系设置"进入本系的网页，例如打开经济管理系的网页。

④ 在打开的经济管理系页面中，单击"本系要闻"标签，选择一则新闻并将新闻内容复制到"本系新闻"文档中。

⑤ 单击"保存"按钮。

(2) 在校园网下载本班本学期的课表，以 Word 文档保存，命名为"班级课表"。

参考步骤(1)，完成课表的下载和保存。

(3) 在校园网(中国知网)下载一篇与本专业有关的论文，命名为"论文"。

① 打开校园网，进入"教学资源"栏目，单击左侧的"图书资源"，进入图书馆页面。

② 在图书馆页面中，单击"图书馆资源"下方的"电子资源"标签。

③ 在打开的"电子资源"页面中，单击"中国知网(CNKI)"链接，在打开的页面中单击 www.cnki.net (校园网内选择 IP 登录)，进入"中国知网"页面。

④ 在检索栏选择要检索的项目和内容，单击"检索"按钮即可显示符合要求的检索内容。

⑤ 选中要下载的文档，并单击该文档后的下载按钮，打开"文件下载"对话框，单击"保存"按钮，打开"另存为"对话框，输入文件名为"论文"，选择保存位置到自己的文件夹，单击"下载"按钮。

(4) 下载阅读器，并阅读下载的论文。

参考步骤(3)，在打开的"中国知网"页面中，单击"浏览器下载"链接的访问地址，进入"下载 CAJViewer 浏览器"页面。下载 CAJViewer 浏览器并安装，安装成功后打开下载的论文阅读。

5. 电子邮箱的使用

申请一个电子邮箱，将桌面上自己的文件夹压缩后以附件形式发送给自己和一位好友，将发送的页面截图，以图片文件格式保存，命名为"邮件发送"。

以文件夹"01 张磊"为例，使用 163 邮箱完成邮件发送。

(1) 右击文件夹"01 张磊"，在弹出的快捷菜单中选择"添加到"01 张磊.rar""命令，生成同名的压缩文件。

(2) 打开自己的邮箱，进入"写信"页面，依次输入自己和朋友的邮箱地址、主题，单击"添加附件"按钮，在打开的"选择要加载的文件"对话框中选择已压缩的文件，单击"打开"按钮，等待提示"上传完毕"，单击"发送"按钮。

任务 7　FTP 站点的配置和使用

 【任务目标】

知识目标

(1) 了解 FTP 协议的功能；

(2) 熟悉 FTP 服务器软件的安装;

(3) 熟悉 FTP 服务器的基本配置。

技能目标

(1) 掌握 FTP 站点的基本配置管理;

(2) 掌握 FTP 站点的使用。

素质目标

本任务旨在让学生具备计算机网络技术基础知识;具有较强的计算机网络技术实践能力;具备小组协作学习能力和创新能力。

 ## 【任务描述】

默认情况下,Windows Server 2008 的 Web 服务器(IIS)没有安装 FTP 发布服务,用户可以通过添加服务完成安装。

(1) 安装"FTP 发布服务";

(2) 创建 FTP 站点;

(3) 测试 FTP 服务器;

(4) FTP 的使用。

① 在桌面上新建一个文件夹,命名为自己的学号后两位 + 姓名,以下文件均保存到该文件夹中。

② 从网上下载与"凤凰传奇"相关的文字、图片和音乐资料,分别命名为"凤凰传奇简介.docx""图片.jpg"和"月亮之上.mp3",保存在自己的文件夹中。

③ 将自己的文件夹上传到创建的 FTP 上。

④ 下载 FTP 上自己文件夹中的月亮之上.mp3 文件到本机,并播放试听。

 ## 【相关知识】

一、FTP 协议

文件传输协议 FTP(File Transfer Protocol)的功能是用来在两台计算机之间互相传送文件。FTP 采用客户机/服务器模式,用户通过一个客户机程序连接到在远程计算机上运行的服务器程序。依照 FTP 协议提供服务,进行文件传送的计算机就是 FTP 服务器,而连接 FTP 服务器,遵循 FTP 协议与服务器传送文件的电脑就是 FTP 客户端。在客户机和服务器之间使用 TCP 协议建立面向连接的可靠传输服务。FTP 协议要用到两个 TCP 连接,一个是命令链路,用来在 FTP 客户端与服务器之间传递命令;另一个是数据链路,用来从客户端向服务器上传文件,或从服务器下载文件到客户计算机。

二、FTP 的特点

FTP 操作首先需要登录到远程计算机上,并输入相应的用户名和口令,即可进行本地计算机与远程计算机之间的文件传输。Internet 还提供一种匿名 FTP 服务(Anonymous FTP)，提供这种服务的匿名服务器允许网上的用户以"anonymons"作为用户名，以本地的电子邮件地址作为口令。

匿名 FTP 具有以下特点：

(1) 匿名 FTP 应用广泛，应用它几乎没有特定的要求。所以，每个人都可以在匿名 FTP 服务器上访问文件。

(2) 世界上有大量正在运行的匿名 FTP 服务器可供使用，在服务器上有无数文件可以被免费复制，特别是数据文件和程序文件。

(3) 在 Internet 上，匿名 FTP 是软件发布的主要方式，许多程序都是通过匿名 FTP 发布的。因此，用户可随时获得新的软件。

【任务实施】

1. 创建 FTP 站点

(1) 在开始菜单中依次单击"管理工具"→"Internet 信息服务(IIS)管理器"，打开"Internet 信息服务(IIS)管理器"窗口，如图 6-31 所示。

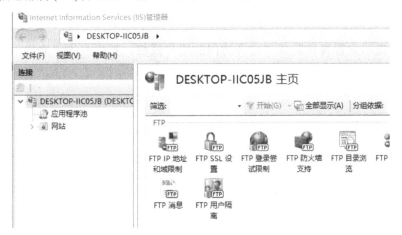

图 6-31　"Internet 信息服务(IIS)管理器"窗口

(2) 在打开的管理器窗口左窗格中右键单击"网站"，选择"添加 FTP 站点"选项，打开"添加 FTP 站点"对话框，设置关于 FTP 站点名称和物理路径，并点击"下一步"，如图 6-32 所示。

图 6-32　设置站点信息

(3) 设置"绑定和 SSL 设置", 在 IP 地址处输入要绑定的计算机 IP 地址, 可以是外网 IP 也可以是内网 IP, 如图 6-33 所示。如果想在同一台物理服务器中搭建多个 FTP 站点, 那么需要为每一个站点指定一个 IP 地址, 或者使用相同的 IP 地址且使用不同的端口号。

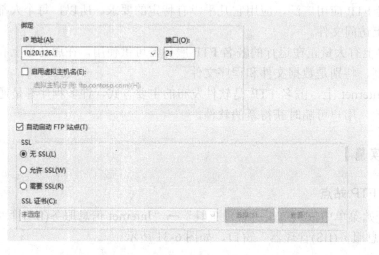

图 6-33   绑定和 SSL 设置

(4) 按照提示设置身份验证和允许访问的用户授权, 然后点击"完成"按钮, 如图 6-34 所示。

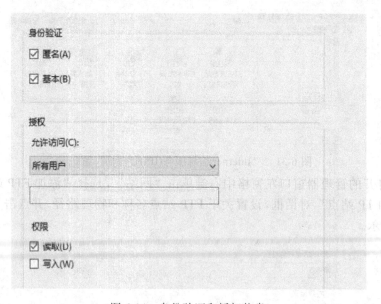

图 6-34   身份验证和授权信息

2. 设置 FTP 站点参数

返回"Internet 信息服务(IIS)管理器"窗口, 在左侧"网站"下选择新建的 FTP 站点, 在右侧主页中可对 FTP 站点参数进行设置, 如图 6-35 所示。

图 6-35　新建 FTP 站点主页

1) FTP 消息设置

(1) 在"横幅"编辑框中输入能够反映 FTP 站点属性的文字，该标题会在用户登录之前显示。

(2) 在"欢迎使用"编辑框中输入一段介绍 FTP 站点详细信息的文字，这些信息会在用户成功登录之后显示。

(3) 在"退出"编辑框中输入用户在退出 FTP 站点时显示的信息。

(4) 在"最大连接数"编辑框中输入具体数值。当用户连接 FTP 站点时，如果 FTP 服务器已经达到了所允许的最大连接数，则用户会收到"最大连接数"消息，且用户的连接会被断开，如图 6-36 所示。　在右侧窗口单击"应用"按钮，设置生效。

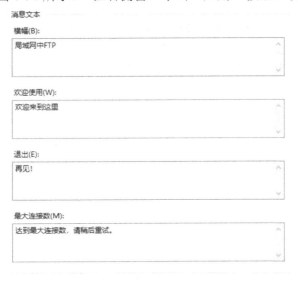

图 6-36　FTP 消息设置

2) 切换到"FTP 用户隔离"选项

FTP 用户隔离可以防止用户访问此 FTP 站点上其他用户的 FTP 主目录。主目录是 FTP 站点的根目录，主目录既可以是本地计算机磁盘上的目录，也可以是网络中的共享目录，如图 6-37 所示。

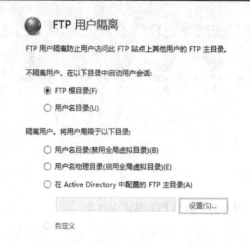

图 6-37　FTP 用户隔离

现在用户已经可以在网络中任意客户计算机的 Web 浏览器中输入 FTP 站点地址(如 ftp://10.20.126.1)来访问 FTP 站点的内容了。

3. 测试 FTP 服务器

(1) 在地址栏中输入已设置的 IP 地址，格式为：ftp://IP 地址。

(2) 观察要连接的文件夹是否能正常打开。

4. FTP 的使用

参考本项目任务 6 的 Internet 的基本服务中"3.信息的搜索和下载"的步骤，完成文字、图片和音乐的下载，保存在自己的文件夹中，将自己的文件夹上传到创建的 FTP 上，并下载 FTP 上自己文件夹中的"月亮之上.mp3"文件到本机，并试听。

参 考 文 献

[1] 李霞. 大学计算机基础实验教程[M]. 西安：西安电子科技大学出版社，2017

[2] 齐红.禹谢华. 大学计算机实践教程[M]. 北京：航空工业出版社，2019

[3] 张荣. 大学计算机基础实践教程(Windows 10 + Office 2019)[M]. 杭州：浙江大学出版社，2021

[4] 王佳尧. 大学计算机基础实践教程(Windows 10 + WPS Office 2019)[M]. 北京：人民邮电出版社，2021

[5] 王锦，姚晓杰，王立武，等. 计算机信息素养基础实践教程[M]. 北京：中国水利水电出版社，2021

[6] 天明教育计算机等级考试研究组. WORD/EXCEL/PPT 办公应用大全 [M]. 西安：世界图书出版社，2018

[7] 天明教育 IT 教育教研组. Word、Excel、PPT 办公应用实操大全[M]. 沈阳：辽宁大学出版社，2021

[8] 宋翔. Visio 图形设计从新手到高手(兼容版)[M]. 北京：清华大学出版社，2020

[9] 曹岩. Visio 应用教程[M]. 北京：化学工业出版社，2008

[10] 王曼. Visio 绘图软件标准教程[M]. 北京：清华大学出版社，2021

[11] 杨继萍，吴华. Visio 2010 图形设计标准教程[M]. 北京：清华大学出版社，2011

[12] 王盛邦. 计算机网络实验教程[M]. 2 版. 北京：清华大学出版社，2017

[1] ...
[2] ...
[3] ...
[4] ...
[5] ...
[6] ...
[7] ...
[8] ...
[9] ...
[10] ...
[11] ...
[12] ...